电厂锅炉燃烧与烟气净化技术

DIANCHANG GUOLU
RANSHAO YU YANQI
JINGHUA JISHU

潘晓慧　张振　刘军◎编著

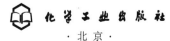

·北京·

内容简介

本书在分析当前电厂锅炉燃烧与烟气净化技术的基础上，系统介绍了煤炭的清洁燃烧、高效利用、燃烧优化调整与清洁排放技术的理论知识、工程原理、设备结构、运行技术及最新进展等内容，同时分析了影响锅炉安全、环保和经济运行的因素，从而为锅炉的运行、调试提供基础理论与技术指导。

本书可供从事火力发电技术研究、设计施工、工程技术、运行管理等人员使用，也可供相关专业院校师生参考。

图书在版编目（CIP）数据

电厂锅炉燃烧与烟气净化技术 / 潘晓慧，张振，刘军编著. -- 北京：化学工业出版社，2024.11.
ISBN 978-7-122-46370-8

Ⅰ. TM621.2

中国国家版本馆 CIP 数据核字第 2024Z30K51 号

责任编辑：孙高洁　刘　军　　　文字编辑：陈立璞
责任校对：赵懿桐　　　　　　　　装帧设计：王晓宇

出版发行：化学工业出版社
　　　　　（北京市东城区青年湖南街 13 号　邮政编码 100011）
印　　装：北京天宇星印刷厂
710mm×1000mm　1/16　印张 12¼　字数 223 千字
2025 年 1 月北京第 1 版第 1 次印刷

购书咨询：010-64518888　　　　　售后服务：010-64518899
网　　址：http://www.cip.com.cn
凡购买本书，如有缺损质量问题，本社销售中心负责调换。

定　　价：88.00 元　　　　　　　　版权所有　违者必究

前言

能源是社会经济发展的重要引擎，以煤炭、石油等化石能源为主的能源供应与消费模式，有力地促进了生产力提升。然而，大量消耗煤炭资源也会带来严重污染和温室效应等环境问题。我国的能源结构可以概括为"富煤、贫油、少气"，改革开放以来，煤炭作为稳定、高效、易获取的主要一次能源，支撑了国民经济高速发展。而随着国家能源产业政策的调整优化以及大气污染防治的迫切需要，煤炭在我国能源生产总量中的比重逐步下降，但在未来较长一段时期内，煤炭仍将在我国能源生产与消费领域发挥不可替代的作用。大规模的煤炭利用使我国面临着资源枯竭的危机，另外导致大气污染排放压力骤增，特别是前些年来频繁出现的"雾霾"等重污染天气，引起了广大人民群众对煤炭和煤炭利用行业的广泛关注，因此火电行业及其他用煤集中行业的减排治理仍旧任重道远，煤炭的清洁燃烧、高效利用、燃烧优化调整与清洁排放比以往任何一个时期都更加迫切。

本书是作者根据从事能源与动力工程专业研究工作的知识和经验，在广泛吸收了国内外有关技术资料的基础上撰写而成的。本书从煤的基本理论、煤的清洁燃烧、煤的掺烧技术、煤的燃烧调整以及燃煤电厂大气污染物排放治理技术几方面讨论了前沿的电厂锅炉燃烧与烟气净化技术。

本书第一章介绍了燃料煤的组成成分及特性，在此基础上讨论了煤燃烧过程中着火、稳定燃烧以及燃尽的相关机理及影响条件，并简述了煤燃烧的方式与技术，最后总结了锅炉燃烧的事故与故障；第二章重点介绍了超临界与超超临界燃煤发电技术、循环流化床锅炉发电技术以及整体煤气化联合循环技术等清洁煤发电技术，为读者提供了煤炭清洁燃烧技术的基础理论知识；第三章讲述了锅炉混煤掺烧技术，重点介绍了电厂锅炉混煤特性、电厂锅炉混煤燃烧理论以及混煤掺烧方式及选择，在此基础上通过实际案例分析了不同燃烧方式锅炉的混煤掺烧方式优化，最后提出了混煤掺烧方式选择的基本原则；第四章对电站锅炉运行过程中燃烧的调整技术进行了简单介绍，主要包括锅炉燃烧调整技术中燃料量与风量的调节、燃烧器的调节及运行方式以及燃烧调整试验，不仅能为锅炉的运行、调试提供参考和借鉴，也能为性能预诊提供必要数据，使预报结果更符合实际情况；第五章主要阐述了燃煤电厂大气污染物排放治理技术，其中不仅包括粉尘、NO_x、SO_2 等常规污染物的典型防治技术，还包括重金属、汞、SO_3、VOCs 等非常规污染物的脱除技术，并为读者介绍了前沿的"近零排放"技术。

本书第一章和第五章由潘晓慧编写，第二章和第三章由张振编写，第四章由刘军编写。许多同仁对本书的编写给予了大力支持和帮助，在此表示诚挚的感谢。

电厂锅炉燃烧与烟气净化技术的理论和应用正在迅速发展，限于作者的知识水平，书中不足之处在所难免，恳请读者给予批评指正。

编著者

2024 年 5 月

目录

第一章

煤粉燃烧基本理论
001~027

第一节　燃料煤的成分及特性　001
　一、煤的组成成分　001
　二、煤的主要特性　004
　三、发电厂用煤　005
第二节　煤燃烧基本理论　007
　一、煤粉的燃烧过程　007
　二、煤粉的着火与熄火　008
　三、煤粉充分稳定燃烧的条件　010
　四、煤粉燃尽机理及影响条件　011
第三节　煤的燃烧方式与技术　015
　一、煤的层状燃烧技术与装置　015
　二、煤的沸腾燃烧技术与装置　019
　三、煤的悬浮燃烧技术　022
第四节　锅炉燃烧故障与事故　022
　一、一次风管堵塞与给粉不均　022
　二、燃烧不稳　023
　三、炉膛灭火　024
　四、炉膛爆燃　025
　五、燃烧器故障　026

第二章

清洁煤发电技术
028~073

第一节　超临界与超超临界燃煤发电技术　028
　一、超临界与超超临界的概念　028
　二、超临界与超超临界的机组技术性能　031

　　　　三、超临界、超超临界锅炉的主要特点　034
　　　　四、现代超临界、超超临界锅炉　039
　　第二节　循环流化床锅炉　040
　　　　一、循环流化床的工作原理　040
　　　　二、高效循环流化床锅炉　046
　　　　三、大型循环流化床锅炉的工程应用　056
　　第三节　整体煤气化联合循环技术　061
　　　　一、整体煤气化联合循环的工作过程　061
　　　　二、整体煤气化联合循环的特点　062
　　　　三、整体煤气化联合循环的主要设备　063

第三章
锅炉混煤掺烧技术
074～103

　　第一节　电厂锅炉混煤特性　074
　　　　一、混煤的燃烧特性　074
　　　　二、混煤的结渣特性　076
　　　　三、混煤的可磨性　077
　　第二节　电厂锅炉混煤燃烧理论　079
　　　　一、混煤的热解特性　079
　　　　二、混煤的着火特性　080
　　　　三、混煤的燃尽特性　081
　　　　四、混煤的结渣特性　082
　　第三节　混煤掺烧方式及选择　083
　　　　一、锅炉掺烧方式及技术特点　083
　　　　二、电厂锅炉混煤配比方案及模型　085
　　第四节　不同燃烧方式锅炉的混煤掺烧方式优化　086
　　　　一、四角切圆燃烧方式锅炉的混煤掺烧方式优化　086
　　　　二、W形火焰锅炉的混煤掺烧方式对比研究　091
　　　　三、对冲燃烧超临界参数锅炉的混煤掺烧技术研究　096
　　第五节　混煤掺烧煤种与方式选择的基本原则　100

	一、掺烧煤种选择的基本原则	100
	二、掺烧安全性分析	102
	三、掺烧方式选择的基本原则	102

第四章
锅炉燃烧调整技术
104~136

第一节	概述	104
	一、燃烧调整的目的和任务	104
	二、影响燃烧的因素和强化燃烧的措施	105
	三、负荷与煤质变化时的燃烧调整原则	108
第二节	燃料量与风量的调节	110
	一、燃料量的调节	110
	二、氧量控制与送风量的调节	111
	三、炉膛负压监督与引风量的调节	113
第三节	燃烧器的调节及运行方式	115
	一、燃烧器的分类及特性	115
	二、切向燃烧直流燃烧器的燃烧调整	120
	三、对冲布置旋流燃烧器的燃烧调整	126
第四节	燃烧调整试验	129
	一、锅炉负荷特性试验	130
	二、一次风粉均匀性调整试验	130
	三、最佳过量空气系数调整试验	132
	四、经济煤粉细度调整试验	132
	五、风量测量与标定	133
	六、燃烧器负荷分配与投停方式试验	134
	七、动力配煤试验	134
	八、模化试验	135

第五章
燃煤电厂大气污染物排放治理技术
137~182

第一节	燃煤电厂大气污染物	137
	一、燃煤电厂主要大气污染物	137
	二、燃煤电厂非常规污染物	138
第二节	烟尘治理技术	140
	一、除尘技术的特点及发展历程	140
	二、电除尘技术	142

三、布袋除尘技术　143
　　四、近零排放高效除尘技术　146
第三节　烟气脱硫技术　150
　　一、烟气脱硫技术的发展历程　150
　　二、烟气脱硫技术的分类及特点　151
　　三、烟气脱硫工艺的技术经济及环境指标　151
　　四、典型的烟气脱硫技术　153
　　五、SO_2 近零排放关键技术　161
第四节　烟气脱硝技术　163
　　一、烟气脱硝技术的发展历程　163
　　二、典型的烟气脱硝技术　163
　　三、宽负荷脱硝技术　170
第五节　烟气中非常规污染物排放控制　172
　　一、重金属的排放控制　172
　　二、汞的排放控制　174
　　三、SO_3 的排放控制　178
　　四、VOCs 的排放控制　181

参考文献　183

第一章
煤粉燃烧基本理论

第一节 燃料煤的成分及特性

我国能源资源具有富煤、贫油、少气的基本特点,是世界上最大的煤炭生产国和消费国,煤炭资源是我国重要的基础能源。尽管随着能源结构的逐步调整,我国煤炭消费比重不断下降,但以煤炭为主的能源格局在未来短期内仍无法改变,预计到21世纪中叶,我国能源消耗仍是以煤为主。因此采用各种清洁和高效的方式优化煤炭的利用,是解决我国经济发展中能源利用与环境保护问题的主要途径之一。

锅炉是将燃料的化学能转换为蒸汽热能的设备。目前我国火力发电厂的主要燃料是煤,煤种是锅炉设计的主要依据,煤种的特性会影响炉膛尺寸、燃烧设备和燃料制备系统、受热面大小和布置、烟气处理等。不同的燃料性能要求配备不同的制粉系统、燃烧器结构和炉膛及锅炉本体型式,随之采取不同的运行参数及操作要求。只有充分掌握燃料性能,采取相应的设计、运行措施,才能达到锅炉安全经济运行的目的。

一、煤的组成成分

1. 元素分析

元素分析法即用元素表示燃料组成的分析方法。煤是一种混合物,主要由碳、氢、氧、氮、硫等五种元素和水分（M）、灰分（A）组成。

(1) 碳 碳是煤中的主要可燃物质。通常各种煤中的碳约占其可燃烧成分的 $50\%\sim90\%$。煤中的碳不是以单质状态存在,而是一部分与氢、硫等结合成挥发性的复杂化合物,其余部分为煤受热析出挥发性化合物后余下的那部分,即固定碳。煤中固定碳含量越高,越不容易着火和燃尽。

(2) 氢　煤中的氢,一部分与氧结合(叫做化合),不能燃烧放热;另一部分在煤受热时会挥发成氢气或各种碳氢化合物气体,它们极易着火和燃烧。

(3) 氧和氮　氧和氮都是不可燃元素,它们的存在使煤中的可燃元素相对减少,燃烧放出的热量降低。煤中含氮量一般不多,只有0.5%～2%,但燃烧时会形成有害气体氮氧化物(NO_x),污染大气。

(4) 硫　煤中的硫可分为有机硫和无机硫两大类。有机硫和煤中的C、H、O等结合成复杂的化合物,均匀地分布在煤中。无机硫包括黄铁矿硫(FeS_2)和硫酸盐硫($CaSO_4$、$MgSO_4$、Na_2SO_4)等。有机硫和黄铁矿硫可以燃烧,合称为可燃硫。硫酸盐不能燃烧,故并入灰分。

煤中可燃硫的含量一般不超过1%～2%。硫燃烧时的放热量不多,仅及碳的1/3.5左右。但硫燃烧后形成的SO_3和SO_2,与烟气中的水蒸气相遇,能形成H_2SO_4和H_2SO_3蒸气,并在锅炉低温受热面等处凝结,从而腐蚀金属。此外,SO_3和SO_2随烟气排入大气,会给人体和动、植物带来危害。因此硫是煤中的有害元素。

(5) 水分　煤的水分由外部水分和内部水分组成。外部水分,即煤由于自然干燥所失去的水分,又叫表面水分。失去表面水分后的煤中的水分称为内部水分,也叫固有水分。

水分的存在使煤中的可燃元素相对减少。它在煤燃烧时要汽化、吸热,从而会使燃烧温度降低,甚至会使煤难以着火。由于水分在煤燃烧后形成水蒸气,使烟气体积增大,因此既增加引风机电耗,又带走大量热量,降低锅炉热效率。另外,原煤的水分过大,常会造成煤斗或落煤管道黏结,甚至堵塞,并增加碎煤和制粉的困难。所以水分是煤中的有害成分。

(6) 灰分　煤中含有不能燃烧的矿物杂质,它们在煤完全燃烧后形成灰分。灰分的存在不仅使煤中的可燃元素相对减少,还会阻碍空气与可燃物质接触,增加不完全燃烧热损失。灰分在燃烧时会熔化、沾污受热面(结渣或积灰),降低传热系数。烟气中的飞灰会磨损受热面,因而限制了烟速的提高,也影响传热效果。同时飞灰随烟气排入大气,会造成环境污染。因此,和水分一样,灰分也是煤中的有害成分。

2. 工业分析

从组成成分来看,煤由水分、灰分、挥发分和固定碳组成。

(1) 水分　属于不可燃成分,用符号M表示。

(2) 灰分　代表无机矿物质含量,属于一种不可燃成分,用符号A表示。

(3) 挥发分　代表易挥发的有机物含量,主要是碳氢化合物等,属于可燃成分，用符号 V 表示。

(4) 固定碳　代表不挥发的有机物含量，属于可燃成分，用符号 FC 表示。

对煤中水分、灰分、挥发分、固定碳含量的分析称为煤的工业分析。工业分析是对煤质进行测试的一种最常规、最重要的分析方法。

3. 煤的基准

由于煤的开采、运输和储存条件不同，煤的组成往往有较大的变动，故表示煤的组成时，必须说明所选煤的基准。

煤所处的状态或者按需要而规定的成分组合称为煤的基准。煤的基准一般分为四类：收到基（准）、空气干燥基（准）、干燥基（准）、干燥无灰基（准）。

(1) 收到基　收到基以收到状态的煤为基准来表示煤中各组成成分的比例，指实际使用的煤的组成，用下标 ar 表示。它计入了煤的灰分和全水分，在煤的燃烧计算中必须用此基准的组成。其成分可用下列平衡式表示：

$$C_{ar}\% + H_{ar}\% + S_{ar}\% + O_{ar}\% + N_{ar}\% + A_{ar}\% + M_{ar}\% = 100\% \quad (1\text{-}1)$$

$$FC_{ar}\% + V_{ar}\% + A_{ar}\% + M_{ar}\% = 100\% \quad (1\text{-}2)$$

(2) 空气干燥基　指分析实验室里所用的空气干燥煤样（在 20℃ 和相对湿度为 70% 的空气中连续干燥 1h 后质量变化不超过 0.1% 的煤样）的组成。由于煤的外部水分变动很大，在分析时常把煤进行自然风干，使它失去外部水分。以这种状态为基准进行分析得出的成分称为空气干燥基，以下标 ad 表示。其成分可用下列平衡式表示：

$$C_{ad}\% + H_{ad}\% + S_{ad}\% + O_{ad}\% + N_{ad}\% + A_{ad}\% + M_{ad}\% = 100\% \quad (1\text{-}3)$$

$$FC_{ad}\% + V_{ad}\% + A_{ad}\% + M_{ad}\% = 100\% \quad (1\text{-}4)$$

(3) 干燥基　指绝对干燥的煤的组成，是以无水状态的煤为基准来表示煤中各组成成分，以下标 d 表示。这种基准的组成不受开采、运输和储存过程中水分变化的影响。其成分可用下列平衡式表示：

$$C_d\% + H_d\% + S_d\% + O_d\% + N_d\% + A_d\% = 100\% \quad (1\text{-}5)$$

$$FC_d\% + V_d\% + A_d\% = 100\% \quad (1\text{-}6)$$

(4) 干燥无灰基　指无水无灰的煤的组成。除灰分和水分后煤的成分，这是一种假想的无水无灰状态，以此为基准的成分组成，以下标 daf 表示。一般地，同一矿井的煤，干燥无灰基的组成不会发生很大的变化，因此，煤矿的煤质资料常以此基准表示。其成分可用下列平衡式表示：

$$C_{daf}\% + H_{daf}\% + S_{daf}\% + O_{daf}\% + N_{daf}\% = 100\% \quad (1\text{-}7)$$

$$FC_{daf}\% + V_{daf}\% = 100\% \quad (1\text{-}8)$$

煤的各种基准成分之间，可以互相换算。由一种基准成分换算成另一种基准成分时，只要乘以一个换算系数即可。从表 1-1 中可以查出煤的各种基准之间的换算系数。分析结果要从一种基准换算到另一种基准时，可按下式进行。

$$Y = KX \qquad (1-9)$$

式中 X——按原基准计算的某一组成含量比例；
Y——按新基准计算的同一组成含量比例；
K——基准换算的比例系数。

在表示试验项目的分析结果时，须在试验项目的代表符号下端标明基准，这样才能正确反映燃煤质量。

表 1-1 不同基准的换算系数 K

项目	收到基	空气干燥基	干燥基	干燥无灰基
收到基	1	$\dfrac{100-M_{ad}}{100-M_{ar}}$	$\dfrac{100}{100-M_{ar}}$	$\dfrac{100}{100-M_{ar}-A_{ar}}$
空气干燥基	$\dfrac{100-M_{ar}}{100-M_{ad}}$	1	$\dfrac{100}{100-M_{ad}}$	$\dfrac{100}{100-M_{ad}-A_{ad}}$
干燥基	$\dfrac{100-M_{ar}}{100}$	$\dfrac{100-M_{ad}}{100}$	1	$\dfrac{100}{100-A_d}$
干燥无灰基	$\dfrac{100-M_{ar}-A_{ar}}{100}$	$\dfrac{100-M_{ad}-A_{ad}}{100}$	$\dfrac{100-A_d}{100}$	1

二、煤的主要特性

1. 发热量

发热量是煤的重要特性，指单位质量的煤完全燃烧时所放出的热量。其单位是 kJ/kg，用符号 Q 表示。

煤的发热量分为高位发热量和低位发热量。高位发热量指 1kg 煤完全燃烧时放出的全部热量，它包含煤燃烧产生的水蒸气凝结成水时的汽化潜热。但是，锅炉实际运行时，烟气还具有相当高的温度，烟气中的水蒸气不可能凝结成水而放出汽化潜热，故锅炉实际能利用的热量不包括水蒸气的汽化潜热。从高位发热量中扣除烟气中水蒸气的汽化潜热后，称为煤的低位发热量。实际工程中常利用收到基低位发热量，规定收到基低位发热量为 29270kJ/kg 的煤是标准煤。

2. 灰的熔融特性

煤灰会在某一确定的温度下开始熔化，此温度定义为煤灰的熔化温度，也称为灰熔点。灰熔点与灰的化学组成、灰周围高温的环境介质性质及煤中灰的含量有关。

灰的熔化温度主要取决于灰的成分及各成分含量的比例。灰分是由金属氧化物和非金属氧化物及其盐类组成的复杂物质，以 SiO_2 和 Al_2O_3 为主。除此之外，

还有 Fe_2O_3、CaO、MgO、TiO_2、SO_3、Na_2O 和 K_2O 等，以及一些 Mn、V 和 Mo 等元素的氧化物。由于煤灰是各组成成分的复合化合物和混合物，其熔化温度并不是各组成成分熔化温度的算术平均值。一般来讲，煤灰中的 SiO_2 和 Al_2O_3 含量越高，则煤灰的熔化温度就越高。但当 SiO_2 的含量与 Al_2O_3 的含量之比大于 1.18 时，自由 SiO_2 易与 CaO、MgO、FeO 等形成共晶体，这些共晶体的熔化温度较低，从而降低了煤灰的熔化温度。

3. 可磨性

煤的可磨性指的是煤在被研磨时破碎的难易程度，一般采用可磨性指数来表示。将相同质量的煤样在消耗相同能量（同样的研磨时间或磨煤机转数）的情况下进行研磨，所得到的煤粉细度与标准煤的煤粉细度的对数比即可磨性指数。可磨性指数常用的有哈德格罗夫可磨性指数 HGI（简称哈式可磨性指数）和 K_{VTI}（苏联热工研究院制定）两种，两者之间可采用式（1-10）进行近似换算。

$$K_{VTI} = 0.0149 HGI + 0.32 \tag{1-10}$$

我国煤的 HGI 一般为 25~129。HGI 小于 60 的属于难磨煤，HGI 大于 80 的属于易磨煤，HGI 处于两者之间的则属于中等可磨煤。

4. 黏结性

所谓煤的黏结性指的是粉碎后的煤在隔绝空气的情况下加热到一定温度时，煤的颗粒相互黏结形成焦块的性质。

煤的黏结性的测定方法以坩埚法最为普遍。它是在实验室条件下用坩埚法测定挥发分产率后，对所形成的焦块进行观测，根据焦块的外形分为七个等级（称为黏结序数），以此来评定黏结性的强弱。各黏结序数的代表特征是：

①焦炭残留物均为粉状；②焦炭残留物黏着，以手轻压即成粉状；③焦炭残留物黏结，以手轻压即碎成小块；④不熔化黏结，手指用力即压裂成小块；⑤不膨胀熔化黏结，成浅平饼状，表面有银白色金属光泽；⑥膨胀熔化黏结，表面有银白色金属光泽，且高度不超过 15mm；⑦强膨胀熔化黏结，表面有银白色金属光泽，且高度大于 15mm。

三、发电厂用煤

1. 煤的分类及特点

煤炭属于有机矿产，不同时间和地域形成的煤炭在质量上存在较大的差异，因此其具体的利用方式也不尽相同。根据挥发分含量，煤可分为褐煤、烟煤、无烟煤和贫煤四类。

（1）褐煤　褐煤的煤化程度低，外观多呈褐色，光泽暗淡，含有较高的内在水分和不同数量的腐植酸，热值低。刚开采出的褐煤水分约为20%～40%，干后为12%～3%，灰分为0.5%～50%，发热量约为1300～17000kJ/kg。主要用于坑口发电、动力煤、加氢液化制备石油、提取褐煤蜡、制取有机化肥和活性炭。

（2）烟煤　挥发分含量高，灰分及水分较低，发热量高。可分为贫煤、焦煤、肥煤、气煤等。挥发分10%～45%，固定碳35%～75%，灰分7%～30%，水分3%～18%，发热量21000～29000kJ/kg，着火温度400～500℃，燃烧时具有弱黏结性。主要用于发电、机车和一般锅炉燃料，也可加氢液化制备石油、低温干馏和民用。

（3）无烟煤　固定碳含量高，可达90%以上，挥发分含量低，一般小于10%，水分和灰分一般也较低；发热量一般为25000～29000kJ/kg，着火温度较高，一般为650～700℃，燃烧时没有黏结性。主要用于化工造气、高炉喷吹和动力用煤。

（4）贫煤　贫煤是介于无烟煤和烟煤之间的一种煤，是煤化程度最高的一种烟煤，不黏结或者具有微黏结性。挥发分10%～20%，固定碳50%～70%，燃烧时火焰短，发热量较高，耐烧。主要用作动力煤，也可造气，用作合成氨原料和气体燃料。

2. 电厂用煤标准

近几年来，电力部门根据我国煤炭资源和电厂调查资料并结合科研单位的试验结果，提出了能更好地反映煤燃烧特性的电厂煤粉锅炉用煤的分类方法。这一方法是以煤的干燥无灰基挥发分 V_{daf}、收到基低位发热量 $Q_{net,ar}$、收到基水分 M_{ar}、干燥基灰分 A_d、干燥基硫分 S_d 及灰的熔融特性作为参考指标，也称为 VAMST 及 Q 分类方法。电厂用煤质量标准可用于电厂建设中根据煤的来源确定煤所处的级区，作为设计部门选择电厂设备和系统的依据。

我国各个地区煤种多样，煤质差异大，原则上动力配煤应尽量符合锅炉的设计煤种，而实际配煤中难以达到，但在各煤质指标上，仍有目标值可供参考遵循。表1-2为电站用动力煤的各煤质分析范围，可供配煤时参考。

表1-2　电站用动力煤的各煤质分析范围

项目	挥发分/%	灰分/%	水分/%	硫分/%	发热量/(kJ/kg)
数值	10～30	10～30	10～30	<2.5	符合设计值

为了进一步规范我国动力配煤市场，保证产品质量，提高管理水平，推动动力配煤产业的健康发展，国家于2011年出台了《动力配煤规范》（GB/T 25960—2010），对动力配煤原料的品质、科学的配煤方案、质量控制措施、动力配煤产品的品质以及质量检验和验收提出了强制要求。

第二节 煤燃烧基本理论

燃烧是指燃料中的可燃物与空气中的氧气发生剧烈的氧化反应产生大量的热量，并伴随有强烈的发光现象。煤的燃烧性能包括煤粉着火稳定性、煤粉燃尽性、煤灰结渣性、大气污染物质可能的排放量和水冷壁高温腐蚀等。正确分析燃烧的机理，改进其燃烧特性，特别是对一些特性给出定量预示，对锅炉的安全、经济运行具有重要意义。根据预示结果，可以选择最佳的炉膛结构尺寸及燃烧器形式、参数，对锅炉调试、改造或者煤种变更前后的燃烧性能进行分析，采取相应的措施进一步提高锅炉的热效率。

一、煤粉的燃烧过程

煤粉随空气以射流的形式喷入锅炉炉膛后，在悬浮状态下燃烧形成煤粉火炬。从燃烧器的出口到炉膛出口的整个燃烧过程可以分为以下三个阶段：

1. 准备阶段

煤粉气流喷入炉内直至着火的这一阶段为准备阶段。此阶段为吸热阶段，在110℃左右，煤中的吸附水（即物理水）全部逸出。煤中水分越高，吸收热量越多，干燥时间越长。随着燃料温度继续升高，干燥后的煤粉发生热解，挥发分析出。挥发分析出的多少与煤的特性、加热温度和速度有关。着火前煤粉只发生缓慢氧化，氧浓度和飞灰含碳量的变化不大。一般认为，从煤粉中析出的挥发分先着火燃烧；然后挥发分燃烧放出的热量又加热炭粒，炭粒温度迅速升高；最后当炭粒加热至一定温度并有氧补充到炭粒表面时，炭粒着火燃烧。

2. 燃烧阶段

煤粉着火以后进入燃烧阶段，包括挥发分的燃烧和固定碳的燃烧。由于挥发分的着火温度小于固定碳的着火温度，通常把挥发分的着火温度粗略地看作煤的着火温度。随着挥发分含量的升高，着火温度呈下降趋势。一般褐煤的着火温度为 250～350℃，烟煤为 250～400℃，无烟煤为 350～500℃。在此温度下，虽然能着火燃烧，但速度很慢，因此往往把燃料加热到较高的温度，并且供给充足的空气，以加快燃烧速率和燃烧完全程度。如褐煤加热到 550～600℃，烟煤加热到 750～800℃，无烟煤加热到 900～950℃。

燃烧阶段是一个强烈的放热阶段。煤粉粒的着火燃烧，首先从局部开始，然后迅速扩展到整个表面。煤粉气流一旦着火燃烧，可燃物质与氧就发生高速的燃烧化学反应，放出大量的热量，因放热量大于周围水冷壁的吸热量，烟气温度迅速升高达到最大值,而氧浓度及飞灰含碳量则急剧下降。

3. 燃尽阶段（灰渣形成阶段）

燃尽阶段是燃烧过程的继续。在此阶段,炭粒变小,表面形成灰壳,大部分可燃物燃尽,只剩少量未燃尽炭继续燃烧。焦炭将烧完时,外壳包裹了一层灰渣,阻碍空气向里扩散,因而使燃烧速率变慢,尤其是灰分高的煤更难燃尽。为了使燃烧完全,此阶段要保持一定的温度和时间。在燃尽阶段,氧气浓度相应减小,气流的扰动减弱,燃烧速率明显下降,燃烧的放热量小于水冷壁的吸热量,烟温逐渐降低,因此燃尽阶段在整个燃烧过程中时间最长。

二、煤粉的着火与熄火

任何燃料的燃烧过程,都有"着火"和"燃烧"两个基本阶段。由缓慢的氧化反应转化为剧烈的氧化反应(燃烧)的瞬间叫着火,转变时的最低温度叫着火温度。燃烧时,除了需要具有适量的燃料、空气外,还需达到燃烧所需的最低温度,即着火温度。

煤粉与空气组成的可燃混合物的着火、熄火以及燃烧过程是否稳定地进行都与燃烧过程的热力条件有关。因为在燃烧过程中存在放热和吸热两个过程,吸热量和放热量的变化会使燃烧过程发生或者停止,即着火或者熄火。假设煤粉空气混合物在燃烧室内燃烧,则燃烧室内煤粉空气混合物燃烧时的放热量为

$$Q_1 = k_0 e^{\frac{E}{RT}} C_{O_2}^n V Q_r \tag{1-11}$$

在燃烧过程中向周围介质的散热量为

$$Q_2 = \alpha S(T - T_b) \tag{1-12}$$

式中　C_{O_2}——煤粉空气混合物中煤粉反应表面的氧浓度;

　　　n——燃烧反应式中氧的反应方次（反应系数）;

　　　V——煤粉空气混合物的容积;

　　　Q_r——燃烧反应热;

　　　T——反应系统温度;

　　　α——混合物向燃烧室壁面的综合表面传热系数,它等于对流表面传热系数和辐射表面传热系数之和;

　　　S——燃烧室壁面面积;

　　　T_b——燃烧室壁面温度;

　　　k_0——反应速度常数;

　　　E——活化能;

　　　R——通用气体常数,8.314J/(mol·K)。

根据式（1-11）、式（1-12）可画出放热量 Q_1 和散热量 Q_2 随温度变化的曲线，如图 1-1 所示。放热曲线是一条指数曲线，散热曲线则接近于直线。当燃烧室壁面温度 T_{b1} 很低时，散热曲线为 Q_2'，它与放热曲线 Q_1 相交于点 1。由图 1-1 可知，在点 1 以前的反应初始阶段，由于放热量大于散热量，反应系统开始升温，到达点 1 时达到放热、散热的平衡。点 1 是一个稳定的平衡点，亦即反应系统的温度即使稍微变化（升高或降低），它也会恢复到点 1 稳定

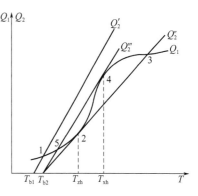

图 1-1　放热与散热曲线

下来。但点 1 处的温度很低，煤粉处于缓慢氧化状态，这时煤粉只会缓慢氧化而不会着火。

如果将煤粉气流的初始温度提高到 T_{b2}，此时相应的散热曲线为 Q_2''。由图 1-1 可知，在反应初期，由于放热量大于散热量，反应系统的温度逐渐升高，到达点 2 时达到平衡。但点 2 是一个不稳定的平衡点，因为只要稍稍地提高反应系统的温度，放热量 Q_1 就大于散热量 Q_2，即反应系统的温度不断升高，所以一直到点 3 才会稳定下来。点 3 是一个高温的稳定平衡点，因此只要保证煤粉和空气的不断供应，反应就会自动加速而转变为高速燃烧状态。点 2 对应的温度即为着火温度 T_{zh}。

处在高温燃烧状态下的反应系统，如果散热加大了，反应系统的温度便随之下降，散热曲线变为 Q_2'''，它与放热曲线 Q_1 相交于点 4。因为点 4 前后都是散热量大于放热量，所以反应系统状态很快便从点 3 变为点 4。点 4 是一个不稳定的平衡点，只要反应系统的温度稍微降低，它便会由于散热量大于放热量而自动急剧下降，一直到点 5 的地方才稳定下来。但点 5 处的温度很低，此处煤粉只能产生缓慢的氧化，而不能着火和燃烧，从而使燃烧过程中止（熄火）。因此，只要到达了点 4 状态，燃烧过程就会自动中断。点 4 状态对应的温度即为熄火温度 T_{xh}。

由上述分析可知，散热曲线和放热曲线的切点 2 和 4，分别对应反应系统的着火温度和熄火温度。然而点 2 和点 4 的位置是随着反应系统的热力条件——散热和放热的变化而变化的，因此，着火温度和熄火温度也是随着热力条件的变化而变化的，并不是一个物理常数，只是一定条件下得出的相对特征值。

在相同的测试条件下，不同燃料的着火、熄火温度不同；而对同一种燃料而言，不同的测试条件也会得出不同的着火温度。对不同的煤而言，挥发分越高，焦炭活化能越小的煤，其着火温度越低，越容易着火，但也越容易燃尽；反之，反应能力越低的煤，例如无烟煤，其着火温度越高，越难着火和燃尽。

从前面的分析可知，影响着火稳定性的主要因素有：

① 燃料特性。无烟煤的活化能高，挥发分低，不易着火；而褐煤则相反，活化能低，挥发分高，易着火及稳定燃烧（水分过高者除外）。

② 煤粉浓度。一定的煤粉浓度和足够的氧量有利于稳定着火。

③ 混合物初温。初温高有利于稳定着火。

④ 煤粉细度。煤粉越细越容易着火。

燃料特性是不可选择的，只能根据给定的燃料特性采取有效措施来提前点火，稳定燃烧。可采取的主要措施是提高煤粉浓度和燃烧初温及提供足够的氧量（空气量），即所谓的"三高"（高浓度、高温度、适当的氧量）。氧量应适当，是因为氧气也是反应物，过低不利于反应，过高则降低煤粉浓度。再简单一点来说，就是要降低着火需要的热量，提高供给着火区的热量。

试验发现，煤粉气流中煤粉颗粒的着火温度要比煤的着火温度高一些，如表 1-3 所示。因此煤粉的空气混合物较难着火，这也是煤粉的燃烧特点之一。

表 1-3 煤以及煤粉气流中煤粉颗粒的着火温度

项目	煤种					
	无烟煤		烟煤		褐煤	
形式	1	2	1	2	1	2
着火温度/℃	700～800	1000	400～500	650～840	250～450	550

注：形式中的 1 表示煤，2 表示煤粉气流中的煤粉颗粒。

三、煤粉充分稳定燃烧的条件

煤粉的充分稳定燃烧标志着燃烧过程组织良好，充分稳定燃烧是指在炉内不结渣的条件下，煤粉燃烧速率较快且燃烧完全，具有较高的燃烧效率。若要做到充分稳定燃烧，必须具备以下原则性的条件：

1. 炉内温度较高

煤温只有达到着火点才能燃烧。燃烧过程中提高炉温可加速燃烧反应，增加煤着火的稳定性，减少气体和固体不完全燃烧热损失，强化燃烧过程。但炉温太高，对于固态排渣炉，炉内容易结渣，影响燃烧。故受煤灰熔点限制，不同燃烧方式的炉温应控制在不同的数值内。一般室燃炉的炉温在 1300℃ 以上，层燃炉在 1100～1300℃ 的范围内，沸腾炉的床温则以 900℃ 为宜。

2. 空气量充足

一定量的煤燃烧需要一定量的空气。空气量不够，会使有些可燃物得不到氧气而燃烧不完全；反之，过量则造成排烟热损失增加。理论所需空气量可由化学计量法得到。理论上，所供空气中的氧与煤中的可燃物质应按化学方程式恰好完全反应。计算中取气体标准状态，认为所有的气体都与理想气体一样。煤中的可燃物质分别按 C、H、S 进行考虑，同时考虑 N 不参与燃烧，煤中 O 的存在使得空气用量减少。

3. 煤和空气的混合良好

具备煤和空气只是燃烧的必要条件，但还不充分。二者必须充分接触和混合，才能保证煤完全燃烧。层燃炉的缺点是煤和空气不能充分混合。一方面，块煤在燃烧过程中，外表面会形成一定厚度的灰层，阻碍空气和内层煤中可燃物质的接触，使煤很难燃烧完全。另一方面，其燃烧产物一般因结构关系亦不能及时离开煤表面，这也阻挡了周围空气与煤继续接触，影响完全燃烧。这是层燃炉固体不完全燃烧热损失较高的原因。解决这类问题的办法是对层燃炉加强拨火、提高风速，促进燃烧产物的分离和煤块表面灰层的脱落。

4. 足够的燃烧时间

燃烧时间充分是保证煤燃尽的必要条件之一。任何燃烧均需要有一定的时间，否则就不能燃烧完全。实际操作中，足够的时间往往是用足够的燃烧空间来实现的。在一定的炉温下，一定细度的煤粉要有一定的时间才能燃尽。煤粉在炉内的停留时间，是煤粉自燃烧器出口一直到炉膛出口这段行程所经历的时间。在这段行程中，煤粉要从着火一直到燃尽才能燃烧完全，否则将增大燃烧热损失。如果在炉膛出口处煤粉还在燃烧，会导致炉膛出口烟气温度过高，使过热器结渣和过热，蒸汽温度升高，影响锅炉运行的安全性。煤粉在炉内的停留时间主要取决于炉膛容积、炉膛截面积、炉膛高度及烟气在炉内的流动速度，这些都与炉膛容积热负荷和炉膛截面热负荷有关，即要在锅炉设计中选择合适的数据，而在锅炉运行时切忌超负荷运行。

四、煤粉燃尽机理及影响条件

1. 煤的燃尽机理

固态燃料在空气中的燃烧属于异相扩散燃烧（非均相燃烧）。在这种燃烧中，首先要使氧气到达固体表面，然后在固体和氧气之间的界面上会发生异相化学反应，化合形成的反应产物离开固体表面扩散逸向远处。

如图 1-2 所示，氧从远处扩散到固体表面的流量为

$$\dot{m}''_W = \alpha_D (C_{O\infty} - C_{OW}) \tag{1-13}$$

式中　α_D——质量交换系数；

$C_{O\infty}$——远处的氧浓度；

C_{OW}——固体表面的氧浓度。

这些氧扩散到固体燃料表面，就与其发生化学反应。这个化学反应的速率与表面上的氧浓度 C_{OW} 有关系。该化学反应速率可以用消耗掉的氧量来表示：

$$\dot{m}''_W = kC_{OW} = k_0 \exp\left(-\frac{E}{RT}\right) \tag{1-14}$$

由式（1-13）、式（1-14）可以得到

$$\dot{m}''_W = \frac{C_{O\infty} - C_{OW}}{\dfrac{1}{\alpha_D}} = \frac{C_{OW}}{\dfrac{1}{k}} = \frac{C_{O\infty}}{\dfrac{1}{\alpha_D} + \dfrac{1}{k}} \tag{1-15}$$

其中，化学反应常数 k 服从 Arrhenius 定律，当温度上升时，k 急剧增大；α_D 与温度 T 的关系十分微弱，可近似认为与温度无关。因此如果把式（1-15）画在 $\dot{m}''_W$-T 坐标上，就可得到图 1-3。

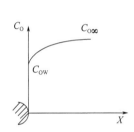

图 1-2 异相反应中氧气浓度分布

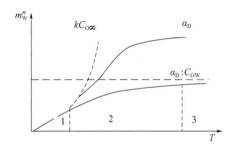

图 1-3 扩散动力燃烧的分区
1—动力区（化学动力学控制区）；2—过渡区；
3—扩散区（扩散控制区）

由图 1-3 可见，整个反应速率曲线可分成三个区域：

（1）化学动力学控制区 当温度 T 较低时，k 很小，$\dfrac{1}{k} \gg \dfrac{1}{\alpha_D}$，式（1-15）中可忽略掉 $\dfrac{1}{\alpha_D}$，因而

$$\dot{m}''_W = kC_{O\infty} \tag{1-16}$$

此时燃烧速率取决于化学反应，固体表面上的化学反应很慢，氧从远处扩散到固体表面后消耗不多，所以固体表面上的氧浓度 C_{OW} 几乎等于远处的氧浓度 $C_{O\infty}$。

（2）扩散控制区 当温度 T 很高时，k 很大，式（1-15）中可忽略掉 $1/k$，因而

$$\dot{m}''_W = \alpha_D C_{O\infty} \tag{1-17}$$

此时燃烧速率取决于扩散,固体表面上的化学反应很快,氧从远处扩散到固体表面后一下子就几乎全部消耗掉了,所以固体表面上的氧浓度 C_{OW} 十分低,几乎为零。

(3) 过渡区　α_D 与 k 大小差不多,不可偏失于其中一个而忽略另一个,只能用式(1-15),即

$$\dot{m}''_W = \frac{C_{O\infty}}{\dfrac{1}{\alpha_D}+\dfrac{1}{k}}$$

当温度比较低时,提高燃烧速率的关键是提高温度。当温度很高时,提高燃烧速率的关键是提高固体表面的质量交换系数。

2. 影响燃尽率的因素

(1) 煤的表面积　煤粉的粒度越小,其表面积越大,与空气接触的面积就越大,有利于燃烧。因此,适当控制煤粉的粒度可以提高燃尽率。

煤粉中颗粒的直径是不相等的,细颗粒燃尽得早,而粗颗粒燃尽所需的时间更长,甚至落入灰斗造成大渣未完全燃烧热损失,因此煤粉颗粒越均匀燃尽率越高。煤粉的均匀性由 n 来表示,n 越大,均匀性越好。n 的大小如式(1-18)所示。

$$n=\frac{\lg\ln\dfrac{100}{R_{200}}-\lg\ln\dfrac{100}{R_{90}}}{\lg\dfrac{200}{90}} \tag{1-18}$$

式中　n——煤粉的均匀性系数;

R_{200}——煤粉在 200μm 筛孔筛子余留量占总量的比例,%;

R_{90}——煤粉在 90μm 筛孔筛子余留量占总量的比例,%。

(2) 煤粉的含氧量　煤粉的含氧量越高,燃烧时所需的外部氧气就越少,燃烧效率就越高。因此,提高煤粉的含氧量可以提升燃尽率。

炉膛较大,因此供氧方式的优劣决定了氧能否及时有效地与煤粉发生反应:①供氧要及时、适量,过多不利于稳定着火,过少不利于碳的燃尽。②供氧要能与煤粉强烈湍流扰动,若炉膛中上部漏风及冷灰斗漏风,则不能与煤粉有效混合,起不到助燃的作用,白白增加排烟热损失。③四角切向布置的炉膛,煤粉气流在整个炉膛内旋流扰动,因此混合效果好;减弱旋流,势必在一定程度上推迟燃尽。电站运行中可根据在转向室处安装的氧量计来控制炉膛出口处要求的过量空气系数。

(3) 停留时间　燃料在炉内的停留时间与炉膛的容积热负荷有关。当过量空气系数一定时,容积热负荷越大,停留时间越短,炉内的燃尽率则越高。如果把

炉膛容积分成几个部分，则可以进一步认为在高温区的停留时间长，对燃烧更为有利。在下排一次风中心以下至灰斗区域，以及屏区的大小对燃尽率的影响则较小。因此，现在设计上更关心的是燃料在上排一次风中心至屏下缘这一段中的停留时间。要求这一段有足够的停留时间，原因是进入屏区（300MW 以上锅炉的分隔屏区）后，烟气温度较低，量较少，继续燃烧的可能性较小。

在计算停留时间时，应注意到良好的空气动力场有助于增加火焰行程或停留时间。当烟气在炉膛内的充满度不高时，停留时间要相对减少。另外，有三次风从主燃烧器上方送入时，其携带的细粉停留时间也小于主燃烧器出来的煤粉停留时间，因而可能导致飞灰可燃物含量升高。一般用户希望设计的炉膛容积大些，也是为了煤粉有更多的停留时间，以防煤种变化或工况不好时达不到较好的燃尽程度。当然，要注意炉膛过大可能导致炉膛出口温度偏低，而使主蒸汽温度或再热蒸汽温度达不到设计值。

（4）煤的特性　煤的特性的影响主要根据干燥无灰基挥发分 V_{daf} 和发热量 $Q_{net,ar}$ 来进行分析判断。V_{daf} 高，则易着火、易燃尽。在 V_{daf} 高的同时，$Q_{net,ar}$ 也高，则更好，因为这意味着煤中的灰分、水分相对较少。一般无烟煤、贫煤的 V_{daf} 低，即使其 $Q_{net,ar}$ 高也不易着火和燃尽。

另外，也可用煤的活化能 E 来研究固定碳的燃尽率。活化能 E 越小，煤的反应速率常数越大，表示化学反应速率越快，燃尽率越高。一般来说，V_{daf} 越低，活化能 E 越大，即无烟煤的固定碳活化能大而褐煤的固定碳活化能小。

（5）煤粉的表面温度　煤粉的表面温度与炉膛的温度水平有关，炉膛温度越高，煤粉的表面温度越高，燃尽率越高。一般情况下，都希望炉膛中心具有较高的温度水平，特别是对于贫煤和无烟煤这些较难燃烧的煤种，获得较高的燃烧温度，可以提高其燃尽率。但是对于结渣倾向较强的煤种，要适当控制炉膛温度。

炉膛的温度水平主要与理论燃烧温度、煤的发热量以及热风温度等因素有关。除此之外，炉膛的温度水平还与燃料的特性以及炉膛尺寸相关。一般炉膛中燃烧区域的壁面热负荷越高，则炉膛温度越高，煤粉的表面温度越高，越有利于煤粉的燃尽。

3. 提高燃尽率的方法

（1）优化煤粉燃烧器结构　通过对煤粉燃烧器结构的优化设计，使煤粉与空气更好地混合，提高燃烧效率。

（2）控制煤粉供给量　合理控制煤粉的供给量，避免供给过多或过少，以确保煤粉充分燃烧。

（3）提高燃烧室温度　提高燃烧室温度可以加快煤粉的燃烧速率，提高燃尽率。

（4）优化燃烧工艺参数　通过合理设置燃烧过程中的参数，如燃料供给量、空气配比等，可以有效提高燃尽率。

煤粉燃烧器的燃尽率是影响燃烧效率和环境污染的关键因素之一。通过优化煤粉燃烧器的结构，控制煤粉的供给量，提高燃烧室温度以及优化燃烧工艺参数等方法，可以有效提高燃尽率，降低能源消耗和环境污染，实现可持续发展。

第三节　煤的燃烧方式与技术

影响燃烧过程的因素有输送至煤粒表面处的氧浓度、气体流动工况以及煤粒所处的温度水平。根据燃烧设备气体流动状态的不同，可将煤的燃烧方式分为层状燃烧、沸腾燃烧、悬浮燃烧。

着火问题、燃尽问题、防结渣和高温腐蚀问题以及燃烧污染物控制问题是各种燃烧方式下燃烧的共性问题，控制煤的燃烧过程的关键是温度控制以及混合过程控制。优化燃烧技术即解决燃烧共性问题，并在此基础上优化控制过程。

一、煤的层状燃烧技术与装置

煤的层状燃烧是一种最古老、最普遍的燃烧方式。它的特点是煤被放置在炉排上，形成一定厚度的燃料层，在燃烧过程中，煤不离开燃料层，故称层燃。层燃时燃烧所需的空气由炉排下面送入，燃料层的运动和空气-烟气的流动无关，但燃料层的稳定性却取决于通风强度。

层状燃烧根据燃料和空气供给方式的不同，可分为逆流式、顺流式和交叉式三种，按新燃料的加入位置又可分为上饲式、下饲式、前饲式等，如图1-4所示。

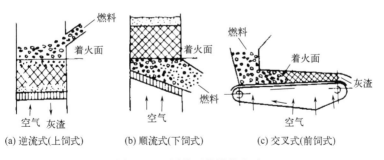

图1-4　不同的层状燃烧方式

① 逆流式（上饲式）。燃料从炉室上方投入，空气（一次空气）从燃料层下方输入，两者方向恰好相反。这种燃烧方式不论用什么燃料都能可靠地着火，但

只适用于小型炉子。此外,受固定床本身的燃烧特性所限,这种燃烧方式的燃烧效率较低。

② 顺流式(下饲式)。燃料的投入方向与一次空气的供给方向相同,燃料与空气同时从炉室下方加入。这种燃烧方式一般不宜燃用水分高、挥发分低、灰分高而黏结性强的燃料。

③ 交叉式(前饲式)。燃料从煤斗下来落在缓慢移动的炉排上,逐渐向炉子深处移动,空气则从炉排下引入,因而燃料的供给与空气的输入相交。

按炉排与燃料层的相对运动形式,层燃炉可分为固定炉(固定火床燃烧)、往复炉、振动炉、链条炉(移动火床燃烧)等。下面就常见的几种层燃炉进行简单介绍。

① 燃料层不移动的固定火床炉,如手烧炉和抛煤机炉。手烧炉是指加煤、拨火、除灰都由人工操作的层燃炉装置,不仅劳动强度大,燃烧效率低,还有周期性冒黑烟的缺点。但其结构简单、操作方便、煤种的适应性较好。目前我国 0.7MW 以下的锅炉仍采用此类型,如图 1-5 所示。抛煤机炉是指抛煤机和固定火床的组合。这种炉子在容量不太大(一般 $D \leqslant 10t/h$)时得到了较广泛的应用。按照抛煤的原理,抛煤机可以分为机械式、风力式以及机械与风力联合式三种。机械抛煤机是用旋转的叶片或摆动的刮板来抛撒燃料,风力抛煤机是用气流来吹播燃料,而风力机械抛煤机则兼用以上两种抛煤方式,如图 1-6 所示。风力机械抛煤机如图 1-7 所示,由于同时采用了风力和机械播煤,燃料在火床上的颗粒度分布相对地比较均匀。在国内,前两者使用较少,风力机械抛煤机的使用更广泛。

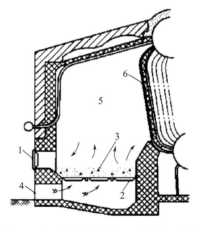

图 1-5 人工加煤层燃炉(手烧炉)结构
1—炉门;2—炉排;3—煤层;4—灰门;5—炉膛;6—锅炉管束

图 1-6　抛煤机工作原理
1—给煤装置；2—击煤装置；3—倾斜板；4—风力播煤装置

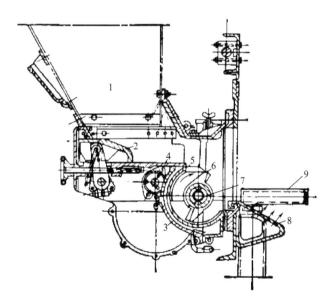

图 1-7　风力机械抛煤机
1—煤斗；2—推煤活塞；3—冷却风道；4—调节板；5—冷却风喷口；
6—叶片；7—叶片式抛煤转子；8—播煤风槽；9—侧风管

② 燃料层随炉排面一起移动的炉子，如链条炉和抛煤机链条炉。链条炉是工业锅炉中最常用的机械化层燃炉，从加煤到排除灰渣都实现了机械化，运行稳定可靠，如图 1-8 所示。抛煤机链条炉是抛煤机、固定炉排炉和链条炉排结合起来的装置，如图 1-9 所示。这种形式可以在一程度上相互取长补短，收到较好的效

果。根据抛煤机型式的不同,抛煤机链条炉可以分为两种:一种为风力抛煤机链条炉(常称为风播炉)。在这种炉子中,由于粉末大多播向炉排后部,其炉排与普通链条炉排一样是顺转的。另一种为风力机械抛煤机链条炉。由于这种炉子以机械抛煤为主,其煤粒分布为前细后粗。这时炉排转动的方向就应与普通链条炉排相反,即所谓的倒转炉排。后一种使用较多。

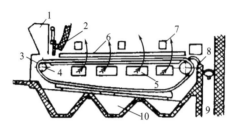

图 1-8 链条炉结构
1—煤斗;2—煤闸门;3—炉排(包括前链轮及后滚筒);4—主动链轮;5—分段送风仓;
6—防渣箱;7—看火孔及检查门;8—除渣板(老鹰铁);9—渣斗;10—灰斗

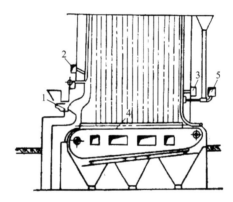

图 1-9 抛煤机链条炉
1—风力机械抛煤机;2—前部二次风;3—后部二次风;4—链条炉排;5—飞灰复燃装置

③ 燃料层沿炉排面移动的炉子,如往复推饲炉和振动炉排炉。往复推饲炉最常用的往复炉排是倾斜式往复炉排,其构造见图 1-10。煤从煤斗加入,由于活动炉排片不断往复运动,煤在炉排上缓慢由前向后、由上向下移动,最后落集在燃尽炉排上,燃尽后灰渣下落至渣斗 6;空气由炉排下送入。燃烧和燃尽阶段也与链条炉相似。与链条炉主要不同之点就是煤与炉排有相对运动。活动炉排片往复运动时煤被向下推饲,而滚动的炉排片向后下方推动时,部分新煤被推饲到已燃着的煤的上部;炉排片向前方返程时,又将一部分已燃着的煤带到尚未燃烧的煤的底部。振动炉排是小容量锅炉采用的一种结构简单、钢耗量少的燃烧装置,其构造如图 1-11 所示。偏心轮是振动炉排的振源,它由电动机通过皮带轮驱动旋

转，产生一个周期性变化而垂直于弹簧板的力。此作用力可分解为水平和垂直两个分力，水平分力使煤向炉后移动，垂直分力使煤在炉排上微跃。这样周期性地间断微跃向后运动，实现了加煤、除渣的机械化。

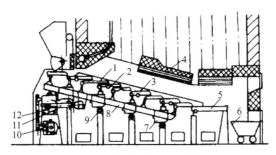

图 1-10　倾斜式往复炉结构

1—活动炉排片；2—固定炉排片；3—支撑棒；4—炉拱；5—燃尽炉排；6—渣斗；
7—固定梁；8—活动框架；9—滚轮；10—电动机；11—推拉杆；12—偏心轮

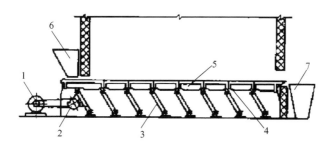

图 1-11　振动炉排结构

1—电动机；2—偏心轮；3—弹簧板；4—拉杆；5—炉排片；6—煤斗；7—渣斗

层状燃烧能获得最大的热密度，即在单位体积的燃烧室内，同时存在于炉膛中的燃料量最大；在防止燃料粉末飞失的条件下，可能大大增加鼓风；热惯性大，对燃料供给与鼓风之间的偏离敏感性差，从而燃烧过程比较稳定；当炉子尺寸越大和燃料量越多时，燃烧过程越稳定。这种燃烧技术适用于小型和中型动力装置，不适用于大型动力装置，不能完全机械化和自动化。

二、煤的沸腾燃烧技术与装置

沸腾燃烧是固体燃料的一种新型燃烧方式，是利用填料床适当控制供气速度，使粒径为几毫米的煤粒和空气的混合物形成沸腾状的颗粒群状态，以增加煤粒与空气中氧的接触机会。其基本原理是：当空气经过布风板均匀地通过燃料层时，如果不断提高通过燃料层的风速，燃料层就会随着气流速度的提高而相继出现图 1-12 所示的几种状态。当风速达到某一临界速度时，空气从下面进入比较细的燃料粒子层中，粒子层的全部颗粒就会失去稳定性，整个粒子层就好像液体沸腾那样，产生强烈的相对运动，故称为沸腾式燃烧。此时，颗粒和气流混在一起，在一定高度内自由运动，具有流体一样的流动性，因此也叫做流化床燃烧，如图1-12（c）所示。

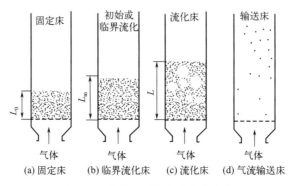

图1-12　燃料层随气流速度的变化

若要保持燃料层流态化，关键要有一个适当的风量。把布风板面积当作空气流通面积计算出来的风速，叫做空截面气流速度；使燃料层恰能开始沸腾的空截面气流速度，叫做临界流化速度；使燃料层颗粒开始被气流带走的空截面气流速度称为极限速度或飞出速度。显然要使燃料层达到流态化，必要条件是空截面气流速度 w_0 大于临界流化速度 w_{cr} 而小于极限速度 w_f。

沸腾炉的料层温度一般控制在850～1050℃。运行时，沸腾层的高度为1.0～1.5m，其中新加入的燃料仅占5%，因此整个料层相当于一个大"蓄热池"。燃料进入沸腾料层后，就和几十倍以上的灼热颗粒混合，因此能很快升温并着火燃烧，即使是多灰、多水、低挥发的劣质燃料，也能维持稳定燃烧。解决了劣质煤的利用问题，为大量煤灰石的利用找到了出路，对我国煤炭资源的合理利用具有重要意义。沸腾式燃烧可以在单位面积的炉排上获得很大的热负荷。由于颗粒混合比较好，燃料层沿层高的温度比较均匀，这为气化过程中 CO_2 的吸热还原反应提供了有利的条件。沸腾式燃烧床中，燃料颗粒在不断的流体动力作用下混合，互相碰撞，有利于破坏颗粒的外层灰壳，阻碍燃料的黏结和结渣，减轻熔渣产生的故障。另外，沸腾式燃烧还可实现低温燃烧，减少氮氧化物的发生量，有利于控制大气污染。常见的流化床锅炉有鼓泡床沸腾炉，如图1-13所示。

但沸腾式燃烧也有一些不足之处，存在不少技术问题，如锅炉燃烧效率低，热效率仅60%～70%；对普通的流化床锅炉（又称鼓泡床沸腾炉），在向床内直接加入石灰石脱硫时，石灰石的钙利用率较低；布置在沸腾层中的埋管受热面，

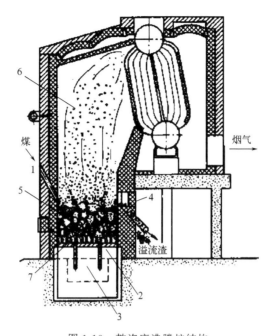

图 1-13 鼓泡床沸腾炉结构
1—给煤口；2—布风板；3—风室；4—溢流口；5—沸腾段；6—悬浮段；7—冷渣管

由于受到固体颗粒不停地冲刷，管壁的磨损比较严重，虽已采取防磨措施，但磨损问题还有待彻底解决；运行能耗大，其电耗比同容量的煤粉炉大一倍。

为了能充分发挥流化床燃烧技术的优点，克服并解决存在的问题，从鼓泡床锅炉发展到了循环流化床锅炉，如图 1-14 所示。由于循环流化床锅炉基本上可以解决普通流化床（沸腾炉）所存在的问题，目前已成为新一代高效率、低污染的工业和电站用燃煤锅炉设备。

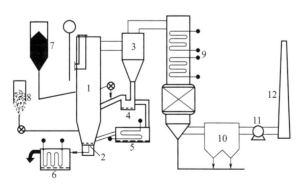

图 1-14 循环流化床锅炉系统
1—炉膛；2—布风板；3—分离器；4—返料器；5—外置式换热器；6—底渣冷却器；7—煤仓；
8—石灰石仓；9—尾部受热面；10—静电除尘器；11—引风机；12—烟囱

三、煤的悬浮燃烧技术

悬浮燃烧技术是先将固体燃料磨成细粉,再将空气喷入燃烧器中,在燃烧室内形成悬浮状态的燃料颗粒,然后利用高温气流和燃料颗粒的密集接触来实现高效燃烧的一种技术。利用这种悬浮燃烧技术的装置称为煤粉炉。

悬浮燃烧技术的关键是在喷入燃烧室的高温空气中,使燃料颗粒呈悬浮状态,与氧气高效接触。悬浮燃烧器的内部结构一般采用圆筒状或锥形设计,喷嘴位于上部,空气从下方喷入燃烧室,将燃料颗粒捕捉并使其悬浮。在高温和充分的氧气作用下,燃料颗粒可以实现完全燃烧。

悬浮燃烧技术的特点是燃烧速率快、燃烧效率高、燃烧温度高、煤耗低、调节方便。悬浮燃烧技术可大量使用劣质煤、煤屑;可回收利用余热,节约燃料;炉温易调节,可实现自动控制。悬浮燃烧可以分为直流式燃烧和旋风式燃烧两类,如图 1-15 所示。

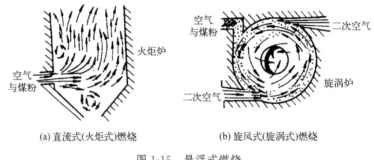

(a) 直流式(火炬式)燃烧　　(b) 旋风式(旋涡式)燃烧

图 1-15　悬浮式燃烧

第四节　锅炉燃烧故障与事故

锅炉是企业生产、居民生活使用的重要设备,其不仅承受高温高压,并且具有爆炸危险。一旦锅炉发生事故,将会给国家财产和人民的生命安全带来极大的危害,造成巨大的经济损失和不良的社会影响。为预防锅炉设备及系统火灾、爆炸等事故的发生,有必要对火力发电厂锅炉设备及系统常见火灾事故的主要原因进行分析并提出防范措施。

一、一次风管堵塞与给粉不均

一般发生在中间仓储式制粉系统。当一次风管堵塞时,一次风量减小,风压升高或摆动剧烈，炉膛负压增大。一次风管堵塞严重时，给粉机电流增大或跳闸，堵塞的燃烧器出粉少或无粉喷出，主蒸汽压力下降。几根一次风管同时堵塞时，排粉机电流下降（由排粉机带一次风时），将使燃烧中断、风管烧红，严重影响燃烧安全性。

一次风管堵塞的根本原因是煤粉管内一次风速过低。此外，煤粉浓度和重度增大也会加剧堵管的倾向。对于直吹式制粉系统，磨煤机风量过小、风温过低、燃烧器喷口处结焦均会使一次风速减小，各并列管的出粉量不均也会造成煤粉管的风速偏差。一般来说，煤粉越粗，煤粉浓度的分配越不均。当燃烧器出口结焦较严重时，煤粉管出口处的流阻增大，使磨煤机的出口风压升高。因此，在给煤量、风量不变时，磨煤机入口一次风门自行开大。这可作为煤粉管沉积、堵塞的前兆。如果是由于磨煤机风量小或者出口温度低，输送煤粉的动量不足而引起积粉时，往往是在阻塞前的一段时间里磨煤机的风量小，出口风压低；而当煤粉管已阻塞时，出口风压则升高。

一次风管堵塞时，应立即手动增大磨煤机一次风量，减少给煤量，用大风量对煤粉管进行吹扫、疏通；同时增加其他磨煤机的出力，以维持锅炉蒸发量不变。对于中间仓储式系统，应立即停止相应的给粉机，全开一次风门，或者提高一次风总压进行煤粉管吹扫。堵管严重时，应使用压缩空气逐根吹管。做上述处理时，应注意调整风量、给水量和减温水量等，维持锅炉各参数正常，必要时还应投油助燃。

为防止一次风管堵塞，应加强对磨煤机风压、一次风压、风温和给粉机转速的监督，一旦有堵管迹象，及时采取措施不使其发展。低负荷时，应保证必要的一次风压；磨煤机或燃烧器的切除不宜过早，以免煤粉管内粉量过大。一些配双进双出磨煤机的进口机组，低负荷时可通过自动增加旁路风量维持一次风速。应注意监视一次风量符合控制曲线的要求。

二、燃烧不稳

燃烧不稳时，火焰锋面的位置明显后延且极不稳定，火焰忽明忽暗，炉膛负压波动较大。燃烧不稳的实质是可燃混合物小能量的爆燃。燃烧不稳，着火过程时断时续，燃烧中断时，火色暗、炉膛压力低；重新着火时，火色亮、炉膛压力高。

燃烧不稳可从以下 4 个方面判断：①炉膛负压的摆动幅度；②CRT 上火焰检测信号的强弱；③过热器后的烟气温度及氧量；④各主要参数是否稳定。

燃烧不稳的常见原因有：①煤质变化（或煤粉过粗）时未及时调整燃烧。

②给煤量（给粉量）波动较大，如煤粉管堵塞或出现粉团滑动，油喷嘴堵塞，磨煤机来粉不均，煤粉仓粉位过低，引起塌粉等。③锅炉负荷过低，引起炉膛温度下降、煤粉浓度降低；或负荷变化幅度过大，使燃烧器投、停频繁。④运行操作不当，如一次风速过低或过高（一次风速过低，可引起粉团滑动；一次风速过高，易导致燃烧器根部脱火）；氧量控制不当，炉内风量过大，引起炉温降低；冲灰时排渣门开得过大或冲灰时间太长，大量冷风漏入炉膛，使炉内温度下降过大。⑤降负荷速度过快，导致实际燃煤量低于相应稳定负荷时的燃煤量，炉温降低。⑥燃烧器喷口结焦严重，破坏正常空气动力场。

发现燃烧不稳时，一般应先投油枪助燃（或投入等离子燃烧器），以防止灭火；待燃烧调整见效、燃烧趋于稳定后，再停油枪（或等离子燃烧器）。煤质变差时，应设法改善着火燃烧条件，如提高热风温度，煤粉磨得细些；适当降低风煤比，提高煤粉浓度，低负荷时集中投运燃烧器等；若是由给粉不稳定引起燃烧不稳，则应适当提高一次风压和磨煤机的出口温度，以降低煤粉水分，不使煤粉结团、堵管等；正确进行清灰、打渣等需打开炉膛或灰斗的操作，注意防止对燃烧工况的不利影响；控制降负荷速度；在安全允许条件下，适当降低炉膛负压，以减少漏风等。

三、炉膛灭火

炉膛灭火是指炉内的燃烧突然中断。锅炉燃烧不稳往往是炉膛灭火的预兆。炉膛灭火时，火光变暗或炉内完全变暗，火焰电视屏无图像，MFT动作。伴随的其他现象有：因燃烧中断，炉膛负压短时持续达到极大，由于一、二次风机自动加风，一、二次风压不正常地降低；汽包水位瞬间下降而后上升（先是虚假水位，后面是因为产汽小于给水）；蒸汽的温度、压力、流量突然下降，氧量则大幅度上升。

炉膛灭火的原因：①煤质的影响。锅炉燃烧稳定与否主要取决于煤质，特别是燃煤挥发分的含量。如果燃煤的水分和灰分含量高，由于在燃烧过程中水分和灰分要吸收一部分热量，会使燃烧恶化。当煤质变差时，如果燃烧调整不及时，就有可能造成燃烧不稳定，甚至引起灭火。②制粉系统的影响。制粉系统漏风严重或者煤粉太粗，对燃烧都有一定影响。增大煤粉细度，会使煤粉更易着火和迅速燃烧。对于乏气送粉的锅炉，漏风使一次风温变得更低，不利于燃烧。③炉膛温度低。锅炉低负荷运行时，炉膛温度降低（一般50%负荷运行时的炉温比满负荷运行时的炉温低200℃左右），不利于燃料着火和稳定燃烧。④燃烧调整不及时。在低负荷运行时或煤质较差时，没有适当降低一次风速，增大煤粉细度，降低炉膛负压,控制炉膛出口氧量,防止空气量过大,造成炉膛温度降低。对于热风制粉系统未尽量降低二次风对燃烧火焰中心的影响。⑤煤粉混合器设计不合理或粉仓下粉不畅。当煤粉混合器设计不合理时,有可能使煤粉混合器处静压升高,当粉仓粉位低时,就可能造成下粉不畅。另外,粉仓设计不合理、煤粉较湿也可能造成下粉不畅,从而导致燃烧不稳定,甚至灭火。⑥燃烧器设计不合理。有些煤粉燃烧器阻力太大,导致煤粉混合器处静压升高,下粉不畅,从而产生锅炉灭火现象。⑦炉膛掉大渣。当渣较大或负荷变化时,由于自身重力作用或大渣与受热面膨胀程度不一致,就有可能发生掉渣现象。它引起的灭火一般比较突然,没有任何先兆,还可能砸坏冷灰斗水冷壁管,故危害性较大,严重威胁锅炉机组的安全运行。⑧灭火保护误动作。火焰检测装置选型与炉型不匹配、安装位置不当、参数设置不当、部件故障、燃烧工况变化等都可能导致灭火保护误动作。⑨检修施工质量差。锅炉燃烧器安装、检修时,未对燃烧器切圆上下倾角、标高进行精确定位,或长期运行燃烧器已烧坏,煤粉气流冲刷水冷壁,都会造成炉内空气动力场紊乱,致使燃烧不稳定。

防止炉膛灭火的措施:①加强燃煤管理。应尽量选择与设计煤质相近的煤源,并对进厂煤进行严格的质量检查,合格后才能进入煤厂。煤场中不同煤质的燃煤应分区堆放。对于煤源复杂的电厂,还应加强混配煤工作。②调整方面。在低负荷或煤质较差的情况下,应提高煤粉细度,控制炉膛出口氧量不能过大,控制炉膛漏风,加强一、二次风的燃烧调整等。③配风方式的选择。在低负荷或煤质较差的情况下,配风方式应采用合理的二次风配比;一次风量和风速的选择以其中的氧能保证煤中挥发分着火和燃烧所需即可;通过集中燃烧可提高风粉浓度,使粉粒温度迅速提高,达到着火温度所需的时间缩短,着火速度加快;通过提高一次风风温、保持良好的空气动力场或选择合理的煤粉细度等措施强化煤粉着火。④监控方面。加强火检和火焰监视器、炉膛负压的监控,并加强设备的管理和维修。

四、炉膛爆燃

炉膛爆燃是指在炉膛中积存的可燃混合物浓度过大,遇明火时瞬间着火燃烧,从而使烟气侧压力突然升高的现象。造成炉墙结构、尾部烟道和煤粉管道结构破坏的现象,称为炉膛外爆。内爆是指炉膛内燃料燃烧不稳定或熄火,导致烟气侧压力急剧降低,炉膛内外压差过大,造成锅炉结构损坏的现象。内爆同样具有很大的破坏力,必须在运行过程中防止其发生。

发生炉膛爆燃需要 3 个必要条件:一是炉膛内存有可燃性燃料(可燃性气体

或煤粉颗粒）；二是积存的燃料和空气的混合物是爆炸性的，并达到了爆炸极限；三是具有足以点燃混合物的能源。三个条件缺一不可，否则不会发生炉膛爆燃事故。

炉膛爆燃最常见的几种原因：①锅炉燃烧煤种多变，燃烧不稳。②燃料、空气或点火能源中断，造成炉膛内瞬时失去火焰，从而形成可燃物积累。③在燃烧器正常运行时，一个或多个燃烧器突然失去火焰，从而造成可燃物堆积。④整个炉膛灭火，造成燃料和空气的混合物积聚，随后再次点火或有其他点火源存在使这些可燃物被点燃。⑤停炉检修中，燃料漏进炉膛。⑥排粉机或给粉机供粉不均匀，时断时续，造成火焰瞬时消失又重新点火。⑦设备缺陷，如燃烧器布置不合理、油枪雾化质量差等。⑧燃料中含有大量不可燃杂质，如油中含水、煤中含石，导致火焰瞬时消失。

为了有效防止炉膛爆燃事故的发生，现代锅炉都设置了锅炉灭火保护装置。它是 FSSS 最重要的保护功能之一。当炉膛灭火时，MFT 发生，打出"全火焰消失"，及时切断燃料供应并按程序进行一系列自动处置。此外，在日常运行时还应做好以下工作：①锅炉 MFT 保护动作后，应立即检查燃料切断情况。②锅炉燃烧工况不稳定，出现明显灭火迹象时，禁止投油或投入其他燃烧器。调整风量（不少于额定用量的 30%）时对炉膛进行吹扫，待结束吹扫后方可重新点火，严禁未吹扫再次点火。③锅炉停运后应加强对燃烧器的检查。锅炉停运后，禁止将燃料排入炉膛内，并应经常检查炉膛内是否有漏入燃料的现象。④在锅炉启停过程中，不仅应经常检查燃料的燃烧情况，还应特别注意燃料和风量的比例调节，以求达到燃烧稳定完全；及时清理油枪，保证油枪的雾化片和油通道不堵塞；点火后需注意保持油压稳定，及时调整风量。⑤加强对燃油系统的检查与管理。在锅炉停运后，应立即将燃油系统切断，并确认系统油压回零，以防止油漏入锅炉，造成爆燃。同时在日常工作中还需加强对燃油质量的监督，要保证燃油系统滤网的正常投入运行，并定期进行切换清洗，油库还应定期检查放水。

五、燃烧器故障

燃烧器故障是指燃烧器出口端壁温过高、一次风喷口结焦、燃烧器内局部堵塞、燃烧器烧毁等故障。为了能随时对燃烧器进行监督，大型锅炉的燃烧器均设计装设了测温热电偶。当燃烧器正常运行时，热电偶指示燃烧器的壁温；如果这个温度稳固地上升并超过设定值，燃烧器停机，相应的磨煤机退出运行。

导致燃烧器故障的原因包括：①着火点离喷口太近，甚至延伸至喷口内部燃烧。可能的原因包括磨煤机风量小，一次风速过低；磨煤机出口温度过高；煤的挥发分高，煤粉细度小，中心风量小等。②旋流燃烧器的内、外二次风挡板调节不当，致使煤粉沉积在外套筒外壁，形成贴壁燃烧。③停运的燃烧器，其用于冷却的中心风或燃料风被误关。④燃烧器燃烧负荷过于集中，燃烧器区域炉温高，造成出口结焦。出口结焦后未及时清除，使结焦程度加剧。⑤一次风管上的关断闸门不严，易造成停运的燃烧器处积粉，从而着火烧坏喷嘴。油燃烧器的油压、油温低，雾化不良，或者配风不当。⑥二次风大风箱内着火。⑦同台磨煤机各煤粉管节流阀或一次风小挡板调整不当，一次风压不均造成积粉，从而着火烧坏喷嘴。⑧单个磨煤机出力过高，造成该层燃烧器燃烧强度过高。

  避免燃烧器故障应注意以下几个方面：①运行人员应熟知燃烧器各测温热电偶的正常运行温度。燃烧器投入前应逐个检查该温度，以确定其是否正常。②发现燃烧器温度高报警时，应全面检查分析。若由磨煤机运行工况引起，应及时对该磨煤机进行调整；若由煤粉管堵塞引起（相应煤粉管的一次风量减小），应疏通堵塞的一次风管，如不能疏通，应停运相应的磨煤机进行专门的清理；若由一、二次风调节不当引起，则应进行正确的风量调节，例如增大一次风量或燃料风量。③若多只燃烧器端部温度先后或同时报警，很可能是煤种变化导致结焦或炉膛压力过高引起的。若为煤种变化引起的，应加强炉膛吹灰，以降低燃烧器区域的温度水平；若为炉膛压力过高引起的，应调整炉膛负压至正常。④若为燃烧器端部结焦引起的，应停运对应的燃烧器，用压缩空气或其他手段进行除焦。⑤运行中应加强对各管一次风量大小及偏差的监督，并及时调节，以防止一次风堵管。对于旋流燃烧器，一次风压波动大时易在一次风进口蜗壳处造成内部积粉燃烧，此时应立即关停磨煤机，进行通风冷却。⑥若多只燃烧器同时报警，现场确认为一次风箱着火时，应紧急停炉。

第二章
清洁煤发电技术

我国是以煤炭为主要能源的国家,这就决定了我国以火力发电为主,但随着电力工业的发展,燃煤污染物排放量日益加大。煤炭燃烧过程中产生的 SO_2、NO_x 等是造成温室效应、酸雨和光化学烟雾等的主要污染源。清洁煤发电技术将满足电力需求、提高热效率、控制环境污染进行了综合考虑,可提高发电效率、降低煤耗,并减少污染物排放量。超(超)临界高效发电技术、循环流化床锅炉以及整体煤气化联合循环技术是目前清洁煤发电的主流技术,本章将对这几项技术进行简单介绍。

第一节 超临界与超超临界燃煤发电技术

超(超)临界高效发电技术是火电节能减排的主要技术之一,是一种大幅提高机组热效率、降低煤耗和污染物排放的技术。为进一步降低能耗和减少污染物排放,改善环境,在材料工业发展的支持下,各国的超超临界机组都在朝着更高参数的技术方向发展。我国连续 15 年布局研发了百万千瓦级超超临界高效发电技术,目前供电煤耗最低可达到 $264g/(kW \cdot h)$,不仅大大低于全国平均值,也处于全球先进水平。目前,超超临界高效发电技术和示范工程已经在全国推广,占煤电总装机容量的 26%,今后还要进一步大力推广。

一、超临界与超超临界的概念

1. 水蒸气的热力学特性

物质由液态变为气态的现象称为汽化。汽化通常有两种方式:蒸发和沸腾。蒸发是液体表面发生的缓慢汽化现象,它在任何温度下都会发生;沸腾是液体表面和内部同时发生的剧烈汽化现象,它相对于一定的压力,只能在一定的温度下发生，该沸腾温度称为沸点。一般而言，同样条件下，不同液体的沸点是不同的；同种液体，压力越高，沸点越高。沸腾时气体与液体共存，两者温度相同，沸腾过程中，温度始终保持为沸点。

将装有水的容器密闭起来，保持一定温度，显然，水会汽化。随着水的汽化，水面上部空间的水蒸气增多，即蒸汽压力升高。蒸汽压力升高，蒸汽的液化速度加快，而水的汽化速度减慢，当水的汽化速度与水蒸气的液化速度相同时，容器内的水量和水蒸气量将不再变化。这时汽、液两相达到平衡的状态称为饱和状态。这种平衡状态不是静态的平衡，而是一种动态平衡，即汽化、液化过程仍在进行，只是汽化速度与液化速度相同而已。处于饱和状态下的水和水蒸气分别称为饱和水与饱和蒸汽。此时饱和水与饱和蒸汽的压力和温度相同，称为饱和压力与饱和温度。这种蒸汽和水共存的状态称为湿饱和蒸汽。如果对容器进行加热，那么水的汽化会加快，水逐渐减少，水蒸气逐渐增多，直至水全部变为蒸汽。这时的蒸汽称为干饱和蒸汽。

当水温低于饱和温度时，称为过冷水，或未饱和水。如果对干饱和蒸汽继续进行加热，使蒸汽温度进一步升高，这时的蒸汽称为过热蒸汽。其温度超过饱和温度的值，称为过热度。

1atm（1atm＝101325Pa）下水的饱和温度为100℃。随着压力增大，水的饱和温度也增大，汽化潜热（将饱和水加热到干饱和蒸汽所需的热量）减小，水和蒸汽的密度差也减小。当压力提高到22.12MPa时，汽化潜热为零，蒸汽和水的密度差也为零，该压力称为临界压力；水在该压力下加到374.15℃时全部汽化，此时的饱和水和饱和蒸汽已不再有区别，该温度称为临界温度，如图2-1所示。

超超临界参数的概念实际上为一种商业性的称谓，以表示发电机组工质具有更高的压力和温度。各国对超超临界参数的开始点定义均有所不同，我国"十五"期间的"863"计划项目"超超临界燃煤发电技术"将超超临界机组的研究范围设定在了蒸汽压力高于25MPa，或蒸汽温度高于580℃。

2. 超临界机组的概念

水作为火力发电机组热力系统的常用工质，具有其自身的物理特性，在压力较低的情况下，水被加热成水蒸气的过程中，有一个汽、水共存的汽化阶段。但是在压力提高到临界参数的情况下，水从液态转化成气态（水蒸气）的过程中不再有汽化这一阶段，即水完全汽化在一瞬间完成，在饱和水和饱和蒸汽之间不再有两相区存在。

由于水的临界状态点的参数为22.12MPa、374.15℃，因此将锅炉出口蒸汽的参数高于临界状态点的机组称为超临界机组，而锅炉出口蒸汽的参数低于临界

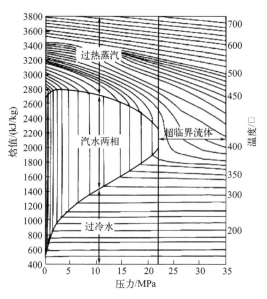

图 2-1 亚临界与超临界蒸汽参数

状态点的机组称为亚临界机组。目前,我国投产的超临界机组锅炉出口参数大多为 25.4MPa/541℃/569℃(对应的汽轮机进口参数为 24.2MPa/538℃/566℃)。

水的汽化过程在高于临界参数与低于临界参数时有很大的区别,因此超临界火力发电机组的结构型式以及运行方式等都有其自身的特点。例如,超临界锅炉必须采用直流锅炉。如果采用汽包炉,在超临界参数状态下运行,汽包水位是无法监视的(饱和水和饱和蒸汽之间已不存在两相区别)。

3. 超超临界机组的概念

锅炉出口蒸汽参数越高,机组效率越高,但锅炉出口蒸汽参数受金属材料、制造工艺等因素的限制。1979 年,日本的电源开发公司首次提出超超临界蒸汽参数的概念。超超临界机组是相对于常规超临界机组而言的,超超临界的概念与超临界的概念有明确的物理定义区别。但是进入超临界后参数如何分档,目前世界上还没有定论,对超临界和超超临界参数的划分还没有统一标准,不同国家的超超临界机组有不同的参数系列。日本提出超超临界机组为蒸汽压力≥24.2MPa,蒸汽温度≥593℃的机组;而丹麦的标准为蒸汽压力≥27.5MPa;1997 年,西门子公司则以采用"600℃材料"的机组来区分。尽管这样,但国际上普遍认为,在常规超临界参数的基础上压力和温度再提升一个等级,也就是主蒸汽压力超过 24.2MPa,或者主蒸汽温度/再热蒸汽温度超过 566℃,都属于超超临界的范畴。目前国际上已经运行或正在设计建设的超超临界机组压力参数分为 25MPa、27MPa 和 30~31MPa 三个级别,温度则为 580~620℃。《中国电力百科全书》认为主蒸汽压力≥27MPa即为超超临界机组。2004年2月，我国国家高技术研究发展计划（"863"计划）"大型超超临界火电技术研究"课题确定了超超临界机组为中国火电的发展方向，并确定了现阶段超超临界蒸汽参数为25～28MPa/580～600℃/600℃，机组容量为700～1000MW。这只是我国超超临界机组的起步参数，在接下来的10～20年间我国将开发出蒸汽参数更高、达到（30～35）MPa/（650～700）℃的二次再热机组，机组效率向50%～55%迈进。目前，国内已经建成投产的600MW级及1000MW级超超临界机组汽轮机进口初参数为主蒸汽压力25～26.25MPa、主蒸汽/高温再热蒸汽温度600℃/600℃。

全球首台百万千瓦超超临界二次再热火电机组由上海电气电站集团和中国能建华东电力设计院设计和制造，安装在江苏泰州发电厂，2015年9月建成投产，二次再热的温度由600℃升级到了620℃，高、中压转子采用了最新的9%铬钢材料。2020年，国际最先进且单机容量最大的1350MW新型高效、洁净、低碳超超临界燃煤机组在申能安徽平山电厂建成投产。这台机组的建成投用标志着我国的高效洁净煤电技术牢牢占据了世界火力发电技术发展的制高点，同时也为未来发展下一代700℃参数发电技术打下了基础。

二、超临界与超超临界的机组技术性能

1. 发电效率

相较于传统的发电机组，超（超）临界发电机组具有明显的效率优势。其效率通常在45%以上，较传统的燃煤发电机组提高了约10%。这意味着使用相同的燃煤量，超（超）临界机组能产生更多的电能，从而降低发电成本。这是因为超临界状态下，水的沸点升高，馈送给涡轮的热量增加，热能得到了更充分的利用。此外，超（超）临界机组还采用了高温高压的超超临界循环技术和先进的脱硝、脱硫技术，有效降低了煤耗和二氧化碳排放，减少了对环境的污染。

大容量超临界机组的主蒸汽压力一般为24.5MPa左右，甚至更高。超临界机组的热效率相比亚临界机组可提高2%～2.5%。火力发电机组各种蒸汽参数的热效率见表2-1。大多数超超临界机组的热效率可达到47%～49%，供电煤耗下降到260～290g/(kW·h)，相比同容量的超临界机组热效率可提高5%或更高。

对于燃煤发电厂，主蒸汽温度、压力参数的提高可以有效提高发电系统的发电效率。对于温度为538℃/538℃的主/再热蒸汽，当压力从17.2MPa上升到27.6MPa时，发电效率从36.5%提高到39.1%；而对于温度为566℃/566℃的主/再热蒸汽，当压力从17.2MPa上升到27.6MPa时，发电效率从37.8%提高到40.5%。

表 2-1　火力发电机组各种参数的热效率

机组类型	蒸汽参数	再热次数/次	热效率/%
亚临界	16.6MPa/538℃/538℃	1	38%
超临界	24.1MPa/538℃/538℃	1	39.9%
超临界	24.1MPa/538℃/566℃	1	40.3%
超临界	24.1MPa/566℃/566℃	1	41.1%
超超临界	25MPa/566℃/566℃	1	41.3%
超超临界	25MPa/600℃/600℃	1	42.1%
超超临界	35MPa/700℃/700℃	1	48.5%
超超临界	30MPa/600℃/600℃/600℃	2	51%
超超临界	35MPa/700℃/720℃/720℃	2	52.5%
超超临界	37.5MPa/700℃/720℃/720℃	2	53%

对于超超临界机组，在一次再热机组主蒸汽压力、主蒸汽温度、再热蒸汽温度保持不变的基础上，采用二次再热可降低汽轮机的热耗率，提高机组效率。以某参数为 26.25MPa/600℃/600℃/600℃ 的超超临界 1000MW 机组为例，对其进行一次再热与二次再热循环下的各热经济指标对比发现，1000MW 负荷工况下，二次再热机组的汽轮机热耗率相比一次再热机组降低了 92kJ/(kW·h)，供电煤耗降低了 3.47g/(kW·h)，机组净效率提高了 0.57%。

2. 变负荷性能

超临界机组的发电效率受部分负荷运行的影响较小，其降低幅度比亚临界机组降低幅度的一半还低。已有的运行数据表明，75% 负荷时，超临界机组的发电效率降低幅度约为 2%，在类似的条件下，亚临界机组的发电效率降低幅度为 4%。这是因为亚临界条件（18MPa）下，锅炉达到 540℃ 的热输入为 100kJ/kg，对于超临界条件来说相对较低，结果导致较低的蒸汽热容量，但是在汽轮机中，蒸汽较高的动能补偿了这种效应。

超临界机组的运行灵活性是受欢迎的另一个因素，由于厚壁部件较少，允许提高负荷变化率。目前，先进的大容量超临界机组具有良好的启动、运行和调峰性能，能够满足电网负荷的调峰要求，并可在较大的负荷范围（30%～90% 额定负荷）内变压运行，变负荷速率多为 5%/min。

3. 环境保护性能

发电效率的提高可以有效降低燃料的消耗，减少 CO_2、SO_2 和 NO_x 的排放。对于一台典型的 600MW 煤粉锅炉机组，超临界机组与亚临界机组相比，煤耗量和 CO_2、SO_2、NO_x 的排放量均有不同程度的降低。超临界发电技术的最佳环境性能得益于先进的污染物排放控制技术，可将有害污染物排放降至最低。这些技术包括烟气脱硫（FGD）、低 NO_x 燃烧、选择性催化还原（SCR）、选择性非催化还原（SNCR）、分段送风和再燃技术等。

目前，我国投产的百万千瓦机组超过了 150 台，未来新建机组原则上均要采用超超临界发电技术。按照已投产的先进超超临界机组供电标煤耗 261.3g/(kW·h) 来计算，相较于 2020 年我国煤电机组的平均供电标煤耗 305.5g/(kW·h)（供电效率 40.3%），每度电可节省标煤 44.2g。对于单台百万千瓦机组，以年运行 4500h 计算，可节约标煤 19.9 万吨，减排二氧化碳 53.6 万吨。预计到 2030 年，我国煤电装机容量达到 12.6 亿千瓦。如果按照 12.6 亿千瓦装机均采用先进的超超临界技术计算，年可节约标煤约 2.76 亿吨，是 2021 年国内总能耗的 5.2%；减排二氧化碳 7.5 亿吨，是 2021 年我国二氧化碳总排放的 7%；减排二氧化硫 15.2 万吨，氮氧化物 17.0 万吨，粉尘 3.0 万吨。

4. 可靠性

20 世纪 50～60 年代，英国和美国就建设了几座超临界电厂。与如今最先进的超临界机组相比，当时的超临界机组蒸汽参数很高，但因不具备如今的优质材料，故可靠性差。现在超临界机组的运行可靠性指标已经不低于亚临界机组，有的甚至更高。

美国《发电可用率数据系统》1980 年的分析报告中公布了 71 台超临界机组和 27 台亚临界机组的运行统计数据，表明这两类机组的平均运行可用率已无差别。据美国 EPRI 的统计，容量为 600～835MW、具有二次中间再热的超临界机组可用率已达 90%，1300MW 二次中间再热的超临界机组可用率为 92.3%，ABB 公司制造的一台 1300MW 超临界机组甚至创造过安全运行 605 天的纪录。

截至 2021 年底，全国已建成的超临界机组总数为 663 台。其中，1000MW 以上的超临界机组 277 台，占比 41.78%；600～1000MW 的超临界机组为 265 台，占比 39.97%；300～600MW 的超临界机组为 121 台，占比 18.25%。

5. 投资成本

提高蒸汽参数将使机组的初投资有所增加，这是因为压力提高后很多设备和主蒸汽管道的壁厚要相应增加，或者说要选用性能和价格更高一些的材料；温度提高后则要使用更多价格昂贵的合金钢材。但由于世界各国的具体情况以及各个电厂的设计和辅机配套方案等有所不同，造价增加的幅度也不同。一般认为，超临界机组的造价相比亚临界机组大约增加 3%～10%。我国亚临界机组的投资大约为 5000 元/kW，28MPa/580℃/600℃ 以上参数的超临界机组相比 25MPa/540℃/560℃ 的机组总投资增加约 6%，热效率提高 3%～4%。由于电厂的运行成本主要取决于燃料成本，而超临界机组的效率高，可抵消一些造价略高的影响，因此超临界机组的运行成本有可能比亚临界机组低。

三、超临界、超超临界锅炉的主要特点

1. 工质的热物理特性

超过临界点后，没有汽液共存的蒸发现象，水直接从液态变为气态，水和蒸汽的物性参数完全相同，不存在密度差。超临界、超超临界锅炉只能用直流锅炉，工质在各受热段流动的阻力较大，给水泵功率消耗大。

在直流锅炉中，其水流是一次性流过受热面而完成预热、蒸发和过热的。这时给水的流动像活塞一样，在锅炉的受热面出口推出蒸汽。其蒸发量 D 等于给水量 G，故认为直流锅炉的循环倍率 $K=G/D=1$。直流锅炉的工质状态和参数变化如图 2-2 所示。

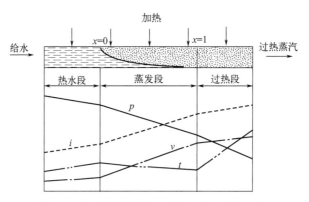

图 2-2 直流锅炉管内工质状态和参数的变化
x—工质干度；p—压力；i—焓值；v—比体积；t—温度

2. 采用新型高温耐热钢

超临界、超超临界锅炉采用的材料应具有足够的持久强度、蠕变极限和屈服极限；较好的抗氧化性、耐腐蚀性；良好的焊接性能和加工性能；合适的热膨胀系数、热导率和弹性系数。在屏过、末过和末再中大量采用了高铬热强钢（25Cr20NiNb）和 TP304H、Super304H。随着科技的进步，新材料的开发，火电机组的蒸汽参数可达到 40MPa/700℃/720℃/720℃。

3. 锅炉启动系统

启动流量一般为额定流量的 30% 左右，具有内置式启动分离器；舍弃了自然循环锅炉系统中的汽包，需要增加设备和系统来保证锅炉运行的稳定性。直流锅炉在低负荷时要求水冷壁内有较大的流量，而此时给水量很少，很难保证水冷壁的冷却。因此，要额外增加一套启动系统，以满足低负荷运行，如图 2-3 所示。

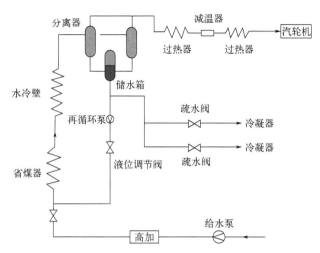

图 2-3 具有内置式启动分离器的直流锅炉系统

表 2-2 列出了超超临界机组一些典型的启动时间。热态启动通常发生在晚间停机后,温态启动通常发生在周末停机后。

表 2-2 超超临界机组的启动时间

启动状态	点火到并网的时间/min	并网到额定负荷运行的时间/min
热态	35～45	30～45
温态	100～115	80～90
冷态	100～190	95～150

4. 锅炉低负荷滑压运行

① 低负荷运行。低负荷滑压运行,即主蒸汽压力随着负荷的降低而降低。实际运行过程中,在负荷降至30%时,滑压运行切换至定压运行,这种变压运行和定压运行相结合的运行方式提高了机组在低负荷时的效率。低负荷运行的特性是炉膛的出口烟温降低,这意味着吸热的增加,将会给炉膛水冷壁管的冷却带来问题。而纯滑压运行意味着降低蒸汽压力,较低压力使得蒸发受热面的吸热增加,即强化了水冷壁的换热效果,从而补偿了上述的水冷壁冷却不佳趋势。纯滑压运行使得电厂控制系统更简单,在采用电动给水泵时也能配合得很好。

电厂的低负荷运行方式对电厂设计的影响很大。复合滑压运行的电厂设计通常是在3阀全开运行时最经济,过负荷时第4个阀打开。尽管3阀全开时最经济,然而电厂大部分辅机在减负荷运行,降低了该负荷下的效率。欧洲的超超临界机组将额定负荷设计成了最经济的负荷,在低负荷时滑压运行,以保证电厂在额定负荷运行时,所有设备也在额定负荷运行。

超超临界机组在部分负荷滑压运行时的效率：当负荷分别为 100%、60% 和 40% 时，相对净效率分别为 100%、97.7% 和 93.6%。此外，丹麦 ELSAM 超超临界机组的运行表明，在 80%～100% 负荷范围内机组效率基本是不变的，在 60%～100% 负荷范围内机组效率的变化也不大。

② 负荷变化范围。超超临界机组的负荷可在 10%～100% BMCR 之间变动，锅炉最低稳燃负荷约为 30%BMCR，在 35%BMCR 以上时为纯直流运行。当带厂用电运行时，蒸汽通过高低旁路排入凝汽器。

③ 负荷变动率。超超临界机组可能的负荷变动率见表 2-3。由于受厚壁部件热应力的限制，通常降负荷时的负荷变动率要比升负荷时要求严一些。

④ 负荷阶跃。对于超超临界机组，在 70%～95% MCR 范围内，能做到 5% 额定负荷的负荷阶跃（仅通过停止凝结水及相应的抽汽快关阀来完成）。其中 2.5% 以上在 5s 内完成，其余 2.5% 在 30s 内完成。在 70% 负荷以下时，则需采用汽轮机进汽阀节流来获得 5% 的负荷阶跃。也就是在负荷阶跃前，机组必须改进滑压运行方式。在 40% MCR 时，为满足 5% 的负荷阶跃，汽轮机节流约 8%～10%。

表 2-3 超超临界机组可能的负荷变动率

负荷变动	煤	油或气
50%～90%MCR	4%MCR/min	8%MCR/min
20%～50%MCR 及 90%～100%MCR	2%MCR/min	4%MCR/min

5. 水冷壁的布置形式

直流锅炉管内的工质依靠给水泵的压头来克服流动阻力，没有汽包。在给水泵的作用下，工质一次性地通过省煤器、水冷壁、过热器等受热面，循环倍率 $K=1$，可以适用于任何压力。对于超临界技术，直流锅炉是唯一可用的炉型。

在超临界和超超临界压力下，不存在汽水两相共存现象，水的蒸发热为零。现在火电机组多采用滑压运行，即随着负荷降低，锅炉压力也降低。当锅炉压力高于临界压力时，出现汽水两相共存区，因此在水冷壁和过热器之间需设置汽水分离器和再循环泵，如图 2-4 所示。

滑压运行的超（超）临界锅炉技术的关键是水冷壁。现在直流锅炉的水冷壁主要类型包括螺旋管圈型和垂直管屏型两种。

螺旋管圈水冷壁在超临界和超超临界锅炉中的应用最为广泛，欧洲全部采用螺旋管圈水冷壁。除三菱公司的内螺纹垂直管外，日本生产的部分锅炉也采用螺旋管圈。我国的超临界锅炉均采用螺旋管圈水冷壁，除哈尔滨锅炉厂外，超超临界锅炉也均采用螺旋管圈水冷壁。

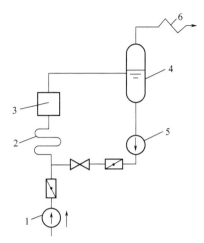

图 2-4 典型的超（超）临界锅炉系统
1—给水泵；2—省煤器；3—水冷壁；4—汽水分离器；5—再循环泵；6—过热器

德国最早开发了螺旋管圈水冷壁，实现了锅炉的变压运行。螺旋管圈水冷壁四面以一定的角度倾斜上升，由于螺旋管圈承受荷载的能力差，无法直接采用悬吊结构固定水冷壁，因此一般在其上部热负荷较低区域采用垂直管，这样就可实现水冷壁全悬吊结构固定了，如图 2-5（a）所示。螺旋管圈水冷壁的每根管子在炉膛中的吸热量基本是均等的，出口温度十分均匀，温差在 10℃以内；进口无需设置节流圈，结构简单；流动阻力大；设计、制造、安装和支吊均比较复杂，焊口多；防止低灰熔点煤的结渣能力差。

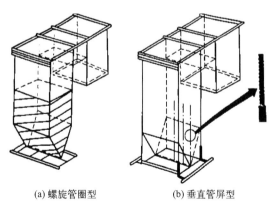

(a) 螺旋管圈型　　(b) 垂直管屏型

图 2-5 变压运行水冷壁类型

超临界锅炉的水冷壁一般采用一次上升垂直内螺纹管形式。这是日本三菱公司和美国 E 公司合作研究的一种内螺纹垂直管，具有良好的传热和流动特性，内螺纹表面的槽道可破坏蒸汽膜的形成，使水冷壁内侧在较高的含汽率（高干度）下也难以形成膜态沸腾，而维持核态沸腾，从而抑制了金属温度的升高。内螺纹垂直管的质量流速一般约为 1500kg/(m·s)。垂直管屏型水冷壁出口温差 30～50℃，材料好，中间设有混合集箱，结构十分复杂，质量和焊口均增加不少，如图 2-5 (b) 所示。

6. 锅炉本体的结构形式

超临界与超超临界锅炉的整体布置形式主要有 Ⅱ 型和塔式两种，少部分采用 T 型。

我国引进的苏联超临界锅炉（伊敏、盘山电厂 500MW，绥中电厂 800MW 等）采用的是 T 型布置，上海石洞口二厂、福建后石电厂引进的 600MW 超临界锅炉采用的是 Ⅱ 型布置，上海外高桥发电厂引进的法国 ALSTOM 公司的 900MW 超临界锅炉采用的是塔式布置。锅炉采用何种炉型往往取决于锅炉厂家的传统技术。美国的 800～1300MW 超临界 UP 型、CE 型、FW 型锅炉采用 Ⅱ 型布置；法国 ALSTOM 公司生产的超临界锅炉采用塔式布置；德国 SIEMENS 公司的超临界锅炉既有 Ⅱ 型布置，也有塔式布置；日本的超超临界锅炉主要是 Ⅱ 型布置。国产 600MW 的超临界、超超临界锅炉全部采用 Ⅱ 型布置，哈尔滨锅炉厂、东方锅炉厂的 1000MW 超超临界锅炉采用的是 Ⅱ 型布置，上海锅炉厂的 1000MW 超超临界锅炉既有 Ⅱ 型布置也有塔式布置。

① Ⅱ 型锅炉。烟气由炉膛经水平烟道进入尾部烟道，再在尾部烟道通过各受热面后排出。优点：锅炉高度较低；尾部烟气向下流动，有自身吹灰的作用；逆流布置。缺点：尾部烟道有两次 90°转弯，导致炉膛出口灰分浓缩集中，加剧局部受热面磨损；烟气分布不均匀；水平烟道受热面不能疏水；炉膛前后墙差别大，后墙水冷壁布置较复杂。

② 塔式锅炉。将所有承压对流受热面布置在炉膛上部，烟道一路向上流经所有受热面后再折向尾部烟道，流经空预器后排出。优点：烟气温度分布比较均匀；磨损较轻；受热面水平布置，易疏水；水冷壁布置方便。缺点：由于锅炉高度比其他炉型高，安装及检修费用将增高。另外，对于灰分较高的煤，上部过热器、再热器大量积灰塌落入炉膛会导致燃烧不稳定甚至灭火。

③ T 型锅炉。适用于切向燃烧方式和旋流对冲燃烧方式。该炉型实际上是将尾部烟道分成尺寸完全一样的两部分，对称布置在炉膛两侧，来解决 Ⅱ 型锅炉尾部受热面布置困难的问题。优点：可使炉膛出口烟窗高度减小，降低烟气沿烟窗高度方向的热偏差；竖井内烟气流速可降低，减小磨损。缺点：该炉型的占地面积比 Ⅱ 型锅炉大，汽水管道连接系统复杂，金属消耗量大。T 型布置适用于燃用高灰分烟煤、无烟煤及褐煤等劣质煤的锅炉。

7. 先进的燃烧系统及蒸汽温度调节方式

采用先进的低 NO_x 燃烧系统控制燃烧温度，控制燃料和空气的混合速度与时机。将传统的二次风分为内二次风和外二次风两部分，通过两股风各自配置的调风器调整运行过程中的风量和旋流强度，以实现燃烧系统的温度及给料的精准控制。燃烧用空气沿射流行程逐步分级送入，在射流下游区域完全混合，实现了旋流煤粉燃烧器内部的空气分级燃烧，控制NO_x生成量。该燃烧系统也采用了浓淡燃烧技术、分级送风、燃尽风等提高燃烧效率。

通过调节燃水比或者喷水降温的方式调节过热蒸汽温度，通过烟气挡板、燃烧器摆动、事故喷水等方式调节再热蒸汽温度。

四、现代超临界、超超临界锅炉

在超临界和超超临界机组的发展过程中，两者是同时研究和交叉发展的。1957年，美国投运的第一台125MW高参数机组就是超超临界机组，其蒸汽参数为31MPa/621℃/566℃/538℃。我国超临界和超超临界发电技术的起步比发达国家晚了10年，但通过立足自主开发，目前主蒸汽温度为600℃的超超临界发电技术水平和投运的机组都达到了世界前列。表2-4为我国现运行的超临界和超超临界锅炉的基本参数。

表 2-4 我国现运行的超临界和超超临界锅炉的基本参数

参数	600MW 超临界锅炉			1000MW 超超临界锅炉		
机组功率/MW	600	600	600	1000	1000	1000
过热蒸汽流量BMCR/(t/h)	1900	1900	1795	2952	3091	3033
过热蒸汽压力/MPa	25.4	25.4	26.15	27.46	27.46	26.25
过热蒸汽温度/℃	543	571	605	605	605	605
再热蒸汽流量/(t/h)	1640.3	1607.6	1464	2446	2581	2469.7
再热器进口压力/MPa	4.61	4.71	4.84	6.14	6.06	5.1
再热器出口压力/MPa	4.42	4.52	4.64	5.94	5.86	4.9
再热器进口温度/℃	297	322	350	377	374	354.2
再热器出口温度/℃	569	569	603	603	603	603
给水温度/℃	283	284	293	298	298	302.4
燃烧方式	对冲燃烧	对冲燃烧	四角燃烧	双切圆燃烧	双切圆燃烧	对冲燃烧
水冷壁形式	螺旋管圈垂直管屏	螺旋管圈垂直管屏	螺旋管圈垂直管屏	垂直管屏	垂直管屏	螺旋管圈垂直管屏
水冷壁管	内螺纹管	内螺纹管	内螺纹管	内螺纹管	光管	内螺纹管
锅炉制造厂	北京巴威锅炉厂	东方锅炉厂	哈尔滨锅炉厂	哈尔滨锅炉厂	上海锅炉厂	东方锅炉厂
电厂	浙江兰溪	河南沁北	广东河源	浙江玉环	浙江宁海	山东邹城

下面以大唐潮州电厂中哈尔滨锅炉厂生产的 1000MW 超超临界锅炉（HG-3110/26.15-YM3）为例进行介绍。

① Ⅱ 型布置、单炉膛、一次中间再热、低 NO_x 的 PM 型主燃烧器、高位燃尽风分级燃烧技术和反切向双圆燃烧方式。

② 采用内螺纹管改进型垂直水冷壁，加装中间混合集箱及两级分配器，进一步降低了水冷壁偏差，并将节流管圈装在水冷壁下联箱外面的水冷壁管上，以便于调试、简化结构。

③ 采用无分割墙的八角反向双火焰切圆燃烧方式，同时偏转角度可现场调节，以获得均匀的炉内空气动力场和热负荷分配，降低炉膛出口烟气温度场和水冷壁出口工质温度的偏差。

④ 过热器采用四级布置，再热器为二级布置。为了解决超超临界锅炉因主蒸汽/再热蒸汽温度提高到 605℃/603℃ 导致的高温级管子烟侧高温腐蚀和内壁蒸汽氧化问题，采用了经过长期运行考验的 25Cr20Ni 奥氏体钢。

⑤ 过热蒸汽的调温方式为调节煤水比加三级喷水，再热蒸汽的调温方式为烟气挡板、燃烧器摆动及事故紧急喷水。

⑥ 采用较大的炉膛截面和容积，较低的炉膛断面热负荷、容积热负荷和炉膛出口烟温；采用双切圆结构使燃烧器数目成倍增加，同时降低单只燃烧器的热功率，这些均对防止结焦有利。

⑦ 采用带有再循环泵的启动低负荷系统，能回收启动阶段的工质和热量，并提高运行的灵活性。

第二节　循环流化床锅炉

保护环境、节约能源是各个国家长期发展首要考虑的问题，循环流化床锅炉正是基于这一点而发展起来的。循环流化床锅炉采用的是工业化程度最高的洁净煤燃烧技术。其具有高的可靠性、稳定性、可利用率，极佳的环保特性以及广泛的燃料适应性，特别是对劣质燃料的适应性强，受到了越来越广泛的关注，完全适合我国国情及发展。2023 年，云南红河电厂扩建工程正式开工建设，采用了"东方"新型 700MW 高效超超临界循环流化床锅炉，是目前世界上单机容量最大的燃褐煤循环流化床锅炉项目，将成为我国循环流化床（CFB）锅炉技术的又一重大突破。

一、循环流化床的工作原理

1. 流化态的描述及其性质

当气体自下而上穿过固体颗粒组成的床层时，床层将随着气体流速的不断增大，依次经历固定床、鼓泡流化床、湍流流化床、快速流化床及气力输送状态，如图 2-6 所示。

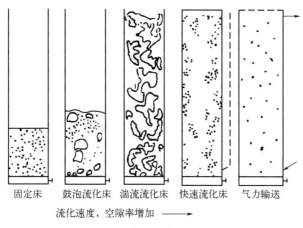

图 2-6　不同气流速度下固体颗粒床层的流动状态

最小流化速度也叫临界流化速度，是床层从固定床转变到流化床的气体流速。此时，流体流过床层的压降与单位床截面上床层颗粒的重力相等，即床层颗粒全部由向上流过的气体的升举力承托。处于流态化的床层可以像流体一样具有流动性。

（1）鼓泡流化床阶段　当气体流速大于最小流化速度时，床层进入鼓泡流态化阶段，此时床内有气泡相和乳化相两种形态。高于最小流化速度的那部分气体以气泡的形式通过床层，床层的平均孔隙率增大。气速越高，气泡造成的床层扰动越强烈，床层压降波动越大，床层表面起伏越明显。

在鼓泡流化床状态中，气泡的存在对床内气固两相的流体动力学特性、传热传质特性以及化学反应特性具有直接的影响。研究气泡的形状、尺寸、上升速度、生成速度以及稳定性等对研究流化床反应装置的工作特性具有非常重要的意义。

在床层进入鼓泡流化床状态后，如果继续增大气体流速到某一值后，床层会进入湍流流态化阶段。此时，床内气泡直径较小，数量较多，气泡边界较为模糊或不规则。在湍流流态化阶段，气固混合与接触相比鼓泡流化床更强烈，流化质量更好，床层表面起伏较小。鼓泡流化床与湍流流化床的界限划分并不是很明确。

（2）快速流化床阶段　对于细颗粒流化床（颗粒均径在 $20\sim100\mu m$，气固密度差小于 $1400kg/m^3$），当气速继续增大到颗粒终端（沉降）速度后，湍流流态化会进一步发展进入快速流态化阶段。初速度为 0 的颗粒在静止流体中自由下落，当下落速度增至某一数值时，颗粒所受的重力、阻力和浮力之间达到平衡。此后颗粒以匀速向下运动，该速度便称为颗粒沉降速度。若颗粒处于垂直向上的气流中，当气速等于颗粒沉降速度时颗粒处于悬浮状态，若气速大于颗粒沉降速度，颗粒将被气流携带向上运动。

在快速流态化阶段，颗粒带出量大增，必须连续不断地向床层底部补充颗粒，并且补充的颗粒量与被带出的颗粒量相等才能形成稳定的快速流态化状态。在快速流态化状态，密相区与稀相区床层的界面不再明晰，由鼓泡床中的固相为连续相、气泡为离散相变为气相为连续相、以絮状结构存在的颗粒团为离散相。

快速流化床上部的固体颗粒浓度相比鼓泡床大大增加，因此提高了上部空间的利用效率，给反应装置的大型化带来了很大的优势。处于快速流态化状态下的流化床也称为循环流化床。实现快速流态化必须满足三个条件：运行风速大于颗粒的终端（沉降）速度；有足够大的颗粒循环速率；有合适的颗粒物性和床层结构。

（3）气力输送阶段　气力输送状态的产生条件从气流速度方面来看与快速流态化状态没有本质的差别，都是大于颗粒的终端（沉降）速度。两者产生条件的差别主要在于床层底部的颗粒存料量及物料循环量。如果颗粒底部的存料量较多，物料循环量较大，则处于快速流态化状态；如果没有存料量，物料循环量较小，进入床层的颗粒全部被带走，则处于气力输送状态。但颗粒在床内的运动状态，两者截然不同。快速流态化状态时，絮状颗粒团不断地生成和破坏，颗粒的返混量很大，气固之间有很高的两相滑移速度；气力输送状态时，颗粒几乎没有返混，气固之间的两相滑移速度也几乎为零。

2. 流化床的燃烧原理

高温炉膛的燃料在高速气流的作用下，以沸腾悬浮状态（流态化）进行燃烧，由气流带出炉膛的固体物料在气固分离装置中被收集并通过返料装置回到炉膛。一次风由床底部送入，以决定流化速度；二次风由给煤口上部送入，以确保煤粒在悬浮段充分燃烧。炉内热交换主要通过悬浮段周围的膜式水冷壁进行。

燃料在循环流化床状态下的燃烧称为循环流化床燃烧，其主要特征为大量高温固体颗粒物料边循环流动边燃烧。采用循环流化床燃烧方式的锅炉称为循环流化床锅炉，其燃烧系统结构如图2-7所示。

主要由惰性固体颗粒组成的物料在气流的作用下在炉膛内处于快速流态化状态，并进行燃烧；被带出炉膛的颗粒绝大部分被分离器分离出来，经由回料机构返回炉膛底部，其中的可燃部分继续燃烧；烟气从分离器出来后进入尾部对流换热面。

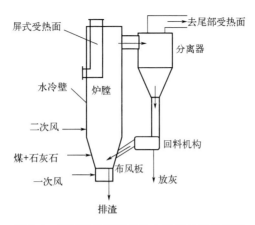

图 2-7 循环流化床锅炉炉内燃烧与烟风流程

3. 循环流化床锅炉的主要特点

循环流化床锅炉的主要优点包括燃料适应性好、燃烧效率高、流化床内的传热过程强度高、容易实现低污染燃烧、锅炉设备占地面积小、锅炉调节性能好、灰渣综合利用性能好等。

（1）燃料适应性好　炉料中95％左右为惰性颗粒，如灰渣或石英砂，只有5％左右为可燃的燃料。因此，炉膛蓄热量大，燃料的燃烧条件好，对燃料种类的适应性好，可以使用劣质煤、煤矸石、油页岩、石油焦、生物质以及各种垃圾等燃料。循环流化床锅炉燃料适应性好的特点是相对的，根据某一特定燃料设计的锅炉也并不能高效地燃用其他性质相差较大的燃料。

（2）燃烧效率高　大量高温惰性床料再加上一次未燃尽燃料的循环燃烧，使得锅炉燃烧效率很高，可达99％以上。与煤粉炉相当，高于鼓泡床锅炉。

（3）流化床内的传热过程强度高　一般在$150\sim450W/(m^2 \cdot K)$的范围内，这使得炉内的传热面积可以减小。但由于磨损的问题，一般受热面的金属消耗量并不比同容量的煤粉炉低，甚至还要略高。

（4）容易实现低污染燃烧　炉内燃烧温度一般为850～950℃，处于低温燃烧状态，因此有利于燃烧污染物的控制。与传统煤粉炉的高温燃烧相比，较低的燃烧温度加上分级燃烧的组织可以减少一半以上的氮氧化物排放。低温燃烧的条件适合直接在炉内添加石灰石脱硫剂，从而实现燃烧过程中的脱硫。相比于煤粉炉的尾部烟气脱硫，设备投资、运行费用及运行管理等都要低廉或容易得多。

（5）锅炉设备占地面积小　由于流化床锅炉对燃料粒径的要求为0～13mm，不需要煤粉炉那样庞大的制粉系统。另外也不需要单独的脱硫系统，因此占地面积相对较小。

(6) 负荷变化范围大，锅炉调节特性好　由于炉内具有很大的蓄热量，可以通过调整燃煤量、送风量、飞灰循环量和床层厚度等措施在较低的负荷下实现锅炉稳定地运行。

(7) 灰渣综合利用性能好　该炉渣是低温烧透得到的，炉渣活性好，可以用来做建筑材料。

循环流化床锅炉也存在如下问题：①飞灰含碳量仍比煤粉炉高。②对固体颗粒分离设备的效率、耐高温以及耐磨性能要求较高。③锅炉系统烟风阻力较大，一次风的压头要求较高，需要采用高压风机，因此厂用电消耗量较高。④锅炉受热面磨损严重，影响锅炉运行的安全性和可靠性。⑤燃烧控制系统比较复杂，运行技术也与煤粉炉有很大的差别。⑥燃烧过程中的 N_2O 生成量较高。

4. 循环流化床锅炉的构成及分类

典型的带外置换热器的循环流化床锅炉系统构成如图 2-8 所示。循环流化床锅炉与常规煤粉炉相比，差别在于燃烧系统部分，尾部对流受热面部分基本相同。

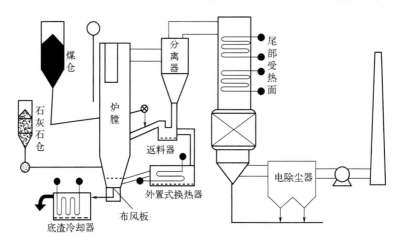

图 2-8　循环流化床锅炉系统

循环流化床锅炉的燃烧系统包括炉膛、布风板、飞灰分离器、飞灰回送装置等，有的炉型还包括外部流化床换热器。

(1) 炉膛　炉膛（也叫燃烧室）是燃料燃烧的主要区域。该空间按照物料浓度高低可分为两部分，下部为颗粒浓度较高的密相区，上部为颗粒浓度较低的稀相区。密相区设置飞灰回送返料口、给煤口、排渣口等，同时也布置部分受热面。稀相区布置有二次风口、炉膛出口等，同时主要布置水冷壁受热面以及屏式过热蒸汽受热面。

(2) 布风板　布风板位于炉膛的底部，用来将下部的风室与炉膛隔开。目前一般布风板均采用水冷布风板。布风板的作用主要有两个：一是对固体颗粒物料起支撑作用；二是通过其具有的阻力来均布进入炉膛的一次风，从而使床内的固体颗粒能得到均匀的流化。

（3）飞灰分离器　飞灰分离器是实现循环流化床燃烧的关键部件，可以将炉膛出口烟气流携带的固体颗粒中的绝大部分（＞95%）分离出来。常用的是旋风分离器，其他还有U型槽以及百叶窗等类型的惯性分离器。

（4）飞灰回送装置　也叫返料器，需要将分离出来的固体颗粒从压力较低的分离器出口送回压力较高的炉膛内，同时防止炉膛内的烟气反窜进入分离器（这主要靠料腿内足够高度的物料来实现）。另外，返料器还需能根据需要调整进入床内的返料量。为了保证返料阀能在高温下正常工作，一般均采用非机械阀，靠松动风和流化空气来实现物料的回送和流量调整。常用的是流化密封阀，其他还有L阀、J阀等。

（5）外部流化床换热器（EHE）　对于Lurgi（鲁奇）炉型，一般都带有外置式换热器，其主要能控制回送入燃烧室内物料的温度，因此可实现控制炉膛温度的作用。

按照不同的分类依据可以将循环流化床锅炉分为不同类型。

（1）按所采用的分离器类型分类　可分为旋风分离型循环流化床锅炉、惯性分离型循环流化床锅炉、炉内卧式分离型循环流化床锅炉、炉内旋涡性分离型循环流化床锅炉、组合分离型循环流化床锅炉。目前得到广泛应用的主要是前两种类型及组合分离型。

（2）按流化床燃烧设备的流体动力特性分类　可分为鼓泡流化床锅炉和循环流化床锅炉，按工作条件又可分为常压和增压两种。这样流化床燃烧锅炉可分为常压鼓泡流化床锅炉、常压循环流化床锅炉、增压鼓泡流化床锅炉和增压循环流化床锅炉，如图2-9所示。其中前三类已得到了工业应用，而增压循环流化床锅炉正在工业示范阶段。

（3）按分离器的工作温度分类　可分为高温分离型循环流化床锅炉、中温分离型循环流化床锅炉、低温分离型循环流化床锅炉（适合鼓泡床）和组合分离型循环流化床锅炉（两级分离）。

（4）按有无外置式换热器分类　有外置式换热器循环流化床锅炉和无外置式换热器循环流化床锅炉，如图2-10所示。

（5）按固体颗粒物料的循环倍率分类　分为低倍率循环流化床锅炉（物料循环倍率为1～5）、中倍率循环流化床锅炉（物料循环倍率为6～20）和高倍率循环流化床锅炉（物料循环倍率为20～40）。对循环流化床锅炉来说，随循环倍率的增大，燃烧和脱硫效率会提高。但同时锅炉动力消耗及磨损也随之增加。国外循环流化床锅炉一般采用较高的循环倍率，主要和使用的燃料性质及提高脱硫效率有关。

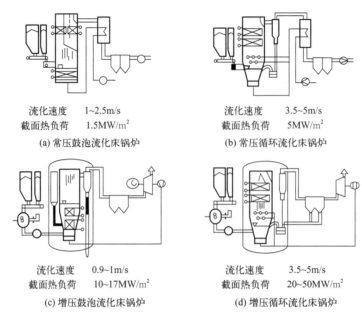

图 2-9 流化床锅炉的主要类型

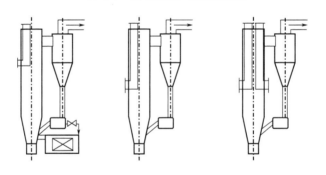

图 2-10 循环流化床锅炉的基本类型

二、高效循环流化床锅炉

1. 超临界循环流化床锅炉

超临界循环流化床（CFB）锅炉同时兼备 CFB 锅炉和超临界锅炉的优点，具有良好的应用前景，是洁净煤发电技术的进一步选择。超临界 CFB 锅炉具有较高的机组发电效率，其脱硫运行成本相比煤粉炉尾部烟气脱硫（FGD）低 50% 以上，而投资却与煤粉炉加 FGD 持平。在 NO_x 排放方面，超临界 CFB 锅炉在不需要采用其他技术措施的条件下，可将 NO_x 排放值减至 $200mg/m^3$ 以下，低于国内目前采用超细粉再燃技术的 600MW 机组燃用褐煤的煤粉炉的 NO_x 排放最低值 243mg/m³。另外，和具有高发电效率的先进的整体煤气化联合循环（IGCC）发电技术相比，在电厂的复杂性、可靠性、投资成本等方面，超临界 CFB 锅炉也具有明显的优势。

CFB 锅炉炉内截面热负荷和燃烧温度较低，且沿炉高分布均匀，炉内热流密度低于煤粉炉，热流密度较高的区域对应于工质温度最低的炉膛下部，如图 2-11 所示，水冷壁管内出现膜态沸腾和蒸干现象的可能性大为减小，因此，可以采用较小的质量流量和较为简单的一次上升垂直管。水冷壁的工质采用低质量流速流动方式时，可降低垂直管屏内的压力损失，减少辅机的能量消耗。已有的研究表明，低质量流速流动具有的低阻力特性可使工质在低负荷的亚临界区具有自然循环特性。超临界锅炉的技术关键是水冷壁，如果水冷壁采用光管，管内流速较低会产生"类膜态传热"，造成传热恶化。为降低超临界 CFB 锅炉炉内工质传热恶化的可能性，可采用内螺纹管。其机理是工质受到内螺纹的作用而产生旋转，从而增强了管子内壁面附近流体的扰动，使水冷壁管内壁面上产生的气泡可以被旋转向上流动的液体及时带走。在旋转力的作用下，水流紧贴管子内壁面流动，从而避免了气泡在管子内壁面上积聚形成"气膜"，保证了管子内壁面上有连续的水流冷却。光管与螺纹管的蒸汽特性参数对比如图 2-12 所示。

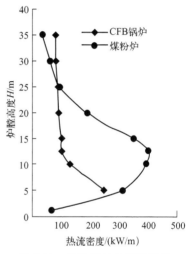

图 2-11 CFB 锅炉与煤粉锅炉炉内热流密度的比较

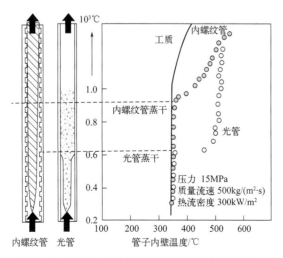

图 2-12 光管与内螺纹管内蒸汽特性参数的对比

20世纪90年代末，FW公司、CE公司、Stein公司开始研发超临界循环流化床锅炉。进展最大的是FW公司，获得了世界上第一台超临界循环流化床锅炉订单，在波兰Lagisza电厂建设了460MW超临界循环流化床锅炉。2009年3月，该机组第一次带到满负荷，3个月后转入商业运行。FW公司2007年开始为俄罗斯能源装备制造公司的Novocherkasskaya建设330MW等级的超临界循环流化床锅炉，2016年投入商业运行。除了FW公司以外，Stein公司、CE公司也提出了各自的超临界循环流化床锅炉设计方案，但由于最终都没有落实工程，研究进展不大。

在没有先例的条件下，我国与国外同期开展了超临界循环流化床锅炉关键技术研发，并率先研制出世界上容量最大、参数最高的600MW超临界循环流化床锅炉，完成了世界首台600MW超临界循环流化床锅炉的创新实践，创建了600MW超临界循环流化床锅炉安全运行技术体系，性能指标全面优于国外同期开发的超临界循环流化床锅炉，成为国际循环流化床燃烧技术发展的标志性事件。600MW超临界循环流化床锅炉示范工程建设在神华集团国能白马电厂，2002年开始酝酿，2005年着手前期工作，2010年开始建设，2013年4月14日通过168h运行。该项目提高了我国电力装备的国际竞争力。该项目完成后，国外的超临界循环流化床锅炉市场大部分被我国占领，我国的国际市场占有率超过了95%。目前正在开展的660MW超超临界循环流化床锅炉研发进展顺利，将进一步巩固我国在此领域的领先地位。

白马电厂设计煤种为灰分43.82%、硫分3.3%的低热值贫煤。炉膛采用低质量流速垂直水冷壁，下部光管，上部普通内螺纹管。炉膛截面为15m×28m，布风板至顶棚管的高度为55m。采用双布风板裤衩腿结构，中间设置非连续双面受热水冷壁，为西门子的优化内螺纹管。炉膛两侧分别布置3个汽冷分离器，分离器下部料腿的返料器安装机械分配阀，将循环灰分为两路：一路流入外置换热床换热后回炉膛；另一路直接回炉膛。6个换热床中2个布置高温再热器，4个布置二级过热器。通过控制机械分配阀调节进入换热床中的热灰流量来调节换热床中受热面的吸热量，从而控制床温和再热蒸汽温度。末级过热器悬吊于炉膛上部。尾部竖井单烟道，自上而下依次布置低温过热器、低温再热器、省煤器和空气预热器。长期的商业运行证实，白马600MW超临界循环流化床锅炉具有优异的性能。其所有汽水和烟气参数与设计值完全吻合，表明受热面设计计算精确。与Lagisza的460MW超临界循环流化床锅炉相比，白马项目的锅炉容量、参数、效率和排放等各项指标更优。尽管白马煤质较差，但效率比国外高0.5%；SO_2排放量相同时，脱硫石灰石的当量消耗仅为国外的80%；而NO_x的原始排放量更是仅为国外的40%。

2. 富氧循环流化床锅炉

富氧燃烧（Oxy-fuel）技术由 Horn 和 Steinberg 于 20 世纪 80 年代初提出。该技术利用空气分离系统获得富氧，并将燃料与氧气一同输送到炉膛进行燃烧，烟气的主要成分是 CO_2 和水蒸气。燃烧后的部分烟气重新注回燃烧炉，一方面可通过循环烟气来调节燃烧温度，使运行过程对温度的控制和煤种的选择更为灵活；另一方面可进一步提高尾气中 CO_2 的浓度（约为 95%），使得烟气处理系统更加简单、紧凑，显著降低 CO_2 的捕集能耗，并将大大提高锅炉的热经济性和运行效率。

富氧燃烧技术自出现就受到了工业界和学术界的广泛关注，随着全球环保共识的建立，逐渐成为研究热点。第二代富氧燃烧技术——加压富氧燃烧的概念由美国 ThemalEnergy 公司于 2000 年首先提出，并于 2005 年得到了加拿大自然资源部矿业与能源技术研究中心的初步论证。国外参与富氧燃烧技术研究的机构主要有美国阿贡国家实验室、西班牙 CIUDEN、韩国延世大学等。东南大学能源热转换及其过程测控教育部重点实验室、华中科技大学煤燃烧国家重点实验室、浙江大学能源清洁利用国家重点实验室、华北电力大学、哈尔滨工程大学、清华大学、西安交通大学、中国科学院工程热物理研究所以及各大发电集团电力科学院等研究机构是目前国内富氧燃烧领域研究的主力军。近期 Alstom 加拿大能源技术研究中心、Foster Wheeler 以及芬兰国家技术研究中心等传统 CFB 制造商都不同程度地启动了 Oxy CFB 的研究项目。国内中科院、浙江大学和东南大学等也进行了相关研究。东南大学建成了国内首台 50kW 循环流化床富氧燃烧实验台，并且与 B&W 合作建设了 2.5MW 循环流化床富氧燃烧实验系统。

富氧循环流化床锅炉的燃烧过程如图 2-13 所示。富氧循环流化床锅炉的燃烧过程为：①煤或高碳燃料在燃烧室中与预热了的混合气体中的氧反应，氧来自于低温制氧设备。底渣通过流化床冷渣器排放，控制系统的床料量和回收底渣余热。②烟气离开燃烧室经旋风分离器后，为了控制燃烧室的温度，分离器收集的一部分灰颗粒直接送回燃烧室循环燃烧，另一部分通过外置床加热到一定温度后再返回燃烧室循环燃烧。③离开旋风分离器的烟气经尾部烟道的对流受热面和氧加热器进一步冷却。④离开氧加热器的烟气经除尘器和脱硫装置除去其中的粒尘和 SO_2，干净的烟气经给水加热器冷却之后，再经过一混合式烟气水冷却器冷却到尽可能低的温度，以减少烟气处理过程中的体积流量和电耗。⑤离开引风机的烟气分为两部分，大部分进入后部的 CO_2 分离、纯化、压缩和液化系统，回收的 CO_2 可用来注入油田增加油的回收；小部分进入燃烧系统作为流化气体。

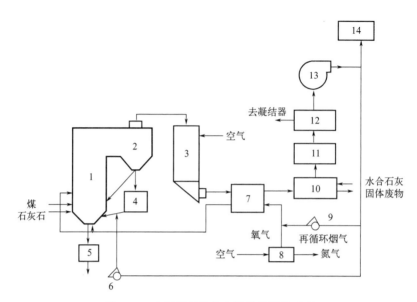

图 2-13 富氧循环流化床锅炉的燃烧过程
1—燃烧室；2—分离器；3—尾部烟道；4—外置床；5—冷渣器；6—烟气流化风；7—氧加热器；
8—空气分离装置；9—烟气再循环风机；10—除尘脱硫装置；11—给水加热器；
12—混合式烟气冷却器；13—引风机；14—CO_2 处理系统

富氧循环流化床锅炉主要具有以下技术特点：

(1) 炉膛温度分布　炉膛温度都沿床高方向先达到最大值，然后逐渐减小。相同给煤量的情况下，送风氧含量增大，炉膛温度升高。

(2) 传热特性　富氧燃烧时，火焰温度升高，炉膛内传热效率增大。主要是因为 CO_2 浓度增大后，强化了辐射传热。

(3) 燃烧效率　氧含量在一定范围（20%～30%）的变化过程中燃烧效率提升较大，氧含量超过 35% 时，燃烧效率提升幅度变小。实施烟气再循环时排出系统的烟气量将有较大减少，这样排烟热损失也会减少，因此循环流化床富氧燃烧可以得到更高的锅炉热效率。

(4) 污染物排放　富氧燃烧时炉膛温度升高使得热力型 NO_x 的生成量增加。但是如果将炉膛温度控制在 950℃ 以下，氮氧化物和二氧化硫的量不会增加太多，反而因烟气量减少提高了氮氧化物和二氧化硫的浓度，更加易于捕捉。

(5) 投资成本和经济性　富氧燃烧时的净发电功率投资成本相比空气燃烧几乎增加了 80%。对于传统的发电设备，富氧燃烧时的毛发电功率成本与空气燃烧相比节约了 20%；考虑到烟气 CO_2 的处理和低温制氧费用，富氧燃烧时的发电功率投资成本大约增加了 30%。

美国 FW 公司设计了一台热功率 30MW 的富氧燃烧 CFB 锅炉。该富氧燃烧

CFB 锅炉既可以按通常的空气燃烧方式运行，也可按富氧燃烧方式运行，并可燃用多种固体燃料。其主要设计参数见表 2-5。

表 2-5　热功率 30MW 的富氧燃烧 CFB 锅炉设计参数

名称	单位	数值
炉膛宽度	m	2.9
炉膛深度	m	1.7
炉膛高度	m	20
最大蒸汽流量	t/h	47.5
过热蒸汽温度	℃	250
过热蒸汽压力	MPa	3
给水温度	℃	170
锅炉排烟温度	℃	350～425
耗氧量	kg/h	8775
再循环烟气量	kg/h	25535
燃煤量	kg/h	5469
石灰石量	kg/h	720

3. 增压循环流化床锅炉

增压循环流化床（PCFB）锅炉的主体结构由压力壳及位于压力壳内的炉膛、旋风分离器、返料器等组成。压力壳内增压循环流化床锅炉的布置与常压循环流化床锅炉大致相同，为减小压力壳尺寸和便于检修，将汽包和陶瓷过滤器设置在了压力壳外。蒸发受热面由炉膛内的水冷壁组成，过热器和再热器布置在炉膛内，过热蒸汽采用两级水减温。由于不具备对再热蒸汽的其他调温手段，对再热蒸汽也用喷水减温。此外，还设有再热蒸汽启动旁路系统。增压循环流化床锅炉的布风板风速为 4～5m/s，与常压循环流化床锅炉大致相当。增压循环流化床锅炉压力壳内的运行压力为 1～2MPa，因此 PCFB 锅炉的燃烧反应速率相比常压 CFB 锅炉进一步提高，截面热负荷更高，约为 40MW/m^2，锅炉尺寸相应减小。

增压循环流化床锅炉联合循环是以一个增压（1.0～1.6MPa）循环流化床燃烧室为主体，以蒸汽、燃气联合循环为特征的热力发电技术。增压循环流化床锅炉联合循环的燃烧系统一般先将煤和脱硫剂制成水煤浆，然后用泵将其注入流化床燃烧室内（另一种方法是用压缩空气将破碎后的煤粒吹入流化床燃烧室内）。压缩空气经床底部的压力风室和布风板吹入炉膛，使燃料流化、燃烧，在流化床燃烧室中部注入二次风使燃料燃尽。床内燃烧温度为 850～950℃。炉膛出口的高温高压烟气经除尘后驱动燃气轮机，燃气轮机一方面提供压缩空气的动力，另一方面带动发电机发电。同时，锅炉产生的过热蒸汽进入蒸汽轮机，带动发电机发电。增压循环流化床锅炉联合循环发电系统如图 2-14 所示。

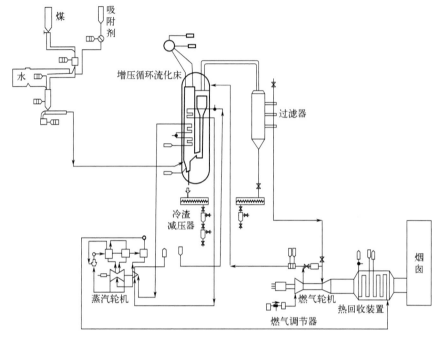

图 2-14　增压循环流化床锅炉联合循环发电系统

目前商业化的增压循环流化床锅炉联合循环在技术上仍有其局限性。最主要的问题是，燃气轮机的进口温度受增压循环流化床锅炉燃烧温度的制约，仅为 850～870℃，导致燃气轮机的优势不能充分发挥（现代燃气轮机允许的进口温度达 1200～1350℃），影响了机组发电效率的进一步提高。因此，采用新的技术手段提高燃气轮机的进口温度就成了增压循环流化床锅炉联合循环进一步努力的目标。正是在这一背景下，带有碳化器和前置燃烧室的第二代增压循环流化床锅炉联合循环成了研究开发的主要方向。

第二代增压循环流化床锅炉联合循环的典型系统如图 2-15 所示。从图中可以看出，它包括了第一代增压循环流化床锅炉联合循环的全部设备，并在此基础上增加了以碳化器为中心的煤气制备系统和以前置燃烧室为中心的煤气燃烧系统。该系统先将一部分由燃料和脱硫剂（石灰石或白云石）制成的水煤浆送入碳化器，然后在碳化器中通入化学当量比远小于 1 的压缩空气进行不完全燃烧产生煤气，燃烧温度约为 850～950℃。在产生煤气的过程中，脱硫剂不仅可脱去烟气中的硫化物（SO_2 或 H_2S），同时也能使焦油分解。煤气经冷却、过滤后送入前置燃烧室。由碳化器排出的半焦与另一部分水煤浆一起送入增压循环流化床锅炉内燃烧。

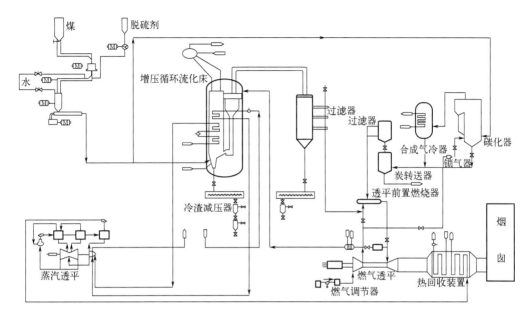

图 2-15　第二代增压循环流化床锅炉联合循环发电系统

碳化器和前置燃烧室中的燃烧反应都是在压力下进行的，因此，碳化器、前置燃烧室以及冷却器、过滤器等第二代的主要设备都必须进行承压设计。燃气轮机压缩机提供的压缩空气同时提供给三个燃烧设备，即增压循环流化床锅炉、碳化器和前置燃烧室。与增压循环流化床锅炉出口烟气不同的是，碳化器出口的煤气先经过冷却再进行过滤。这是因为：第一，煤气是以化学能在前置燃烧室被利用的，自身的显热可以忽略不计；第二，冷却后的烟气体积大大减小，可减小陶瓷过滤器的体积，并减轻陶瓷过滤器热膨胀设计的压力。从陶瓷过滤器下收集的较细的焦炭粒子，也可一并送入增压循环流化床锅炉内燃烧。

与第一代增压循环流化床锅炉联合循环相比，第二代增压循环流化床锅炉联合循环燃气轮机的发电份额大大增加，从第一代的 20%～50% 增加到了 30%～50%，电厂净效率也大大提高，与第一代相比，第二代的效率相对提高了 15%～20%，从第一代的 39%～41% 提高到了 44%～47%。

4. 循环流化床锅炉多联产工艺

循环流化床锅炉热电气多联产技术，即在煤燃烧发电前先提取液体燃料和可燃气体，剩余的半焦再送入循环流化床锅炉内燃烧，灰渣则提取有价元素并用于建材生产综合利用，实现了煤炭的分级利用，提升了煤炭的综合利用水平。计算表明，与常规的煤燃烧、焦化、气化、液化技术相比，煤炭的分级利用技术可以实现节能率 10% 以上，减少 SO_2、NO_x 等污染物排放 50% 以上。

(1) 热解与燃烧的循环流化床锅炉多联产技术　以热解与燃烧为基础的 CFB 锅炉多联产工艺的特点是利用循环流化床锅炉的热循环灰作为煤干馏和部分气化的热源。煤在流化床气化炉中热解，部分气化产生中热值煤气，经净化除尘后输出。气化炉中的半焦与放热后的循环灰一起送入循环流化床锅炉，半焦燃烧放出热量产生过热蒸汽用于发电、供热。该多联产技术的原理如图 2-16 所示。

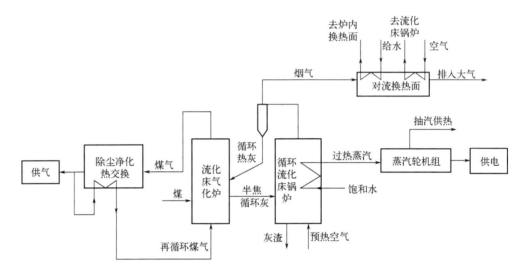

图 2-16　以热解与燃烧为基础的 CFB 锅炉多联产技术原理

国内浙江大学、清华大学等研究单位对以热解与燃烧为基础的 CFB 锅炉多联产技术进行了研究和开发。以热解与燃烧为基础的 CFB 锅炉多联产技术有以下特点：①热效率高。整个多联产系统的总热效率达到 85% 以上。②污染物排放低。CFB 锅炉和流化床气化炉均具有控制 SO_2 和 NO_x 排放的能力，两者综合作用结果使该系统具有更好的低污染物排放性能。③煤种适应性广。由于采用了流化床燃烧气化技术，并以再循环煤气和过热蒸汽作为流化介质，该工艺适用于挥发分大于 20% 的黏结性和非黏结性烟煤及褐煤。④符合城市煤气的质量要求。

(2) 气化与燃烧的 CFB 锅炉多联产技术　以煤部分气化与燃烧为基础的 CFB 锅炉多联产技术主要是在气化炉内将煤进行部分气化产生煤气，没有气化的半焦则进入 CFB 锅炉内燃烧产生蒸汽进行发电、供热。产生的煤气可有多种用途，如燃气-蒸汽联合循环发电、燃料气及其他化工产品的生产等。与其他先进技术（IGCC 等）相比，该技术具有系统简单、投资小和煤种适应性广的优点，受到了各国政府和学者的重视。其中以美国 FW 公司研究提出的混合式气化/燃烧循环流化床联合循环（GFBCC）最具代表性。

GFBCC 工艺流程如图 2-17 所示。其气化单元由四个部件构成，即加压 CFB 气化炉、煤气冷却器、煤气过滤器及焦炭输送系统。热煤气过滤器采用金属陶瓷过滤元件，在连续运行期间通过蒸汽或氮气对部分过滤器进行定期脉冲吹扫。从气化炉和热煤气过滤器处收集的焦炭经过减压后不经冷却在热状态下气力输送至 CFB 锅炉。经过过滤后的煤气被送至燃气轮机进行燃烧。对于 GFBCC，脱硫是在燃气轮机后的 CFB 锅炉内完成。而燃气轮机制造厂认为，烟气中的硫浓度对燃气轮机的寿命和维护没有影响。

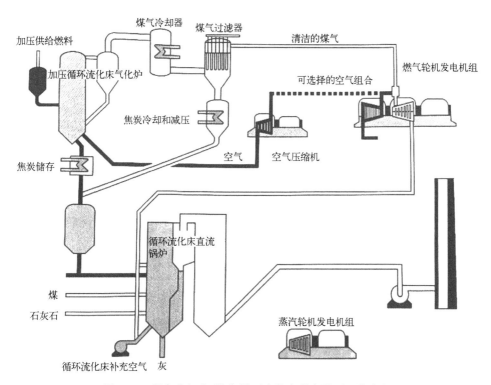

图 2-17 混合式气化/燃烧循环流化床联合循环工艺流程

混合式气化/燃烧循环流化床联合循环技术的主要优点是：燃气轮机和蒸汽轮机可独立运行，并可与气化过程分开运行。在气化系统不运行时，CFB 锅炉仍然可燃煤运行。GFBCC 的低温 CFB 锅炉气化过程避免了高的热损失和与高温气化炉的结渣有关的材料维护问题，且燃料灵活性好，可气化高热值煤及次烟煤和褐煤；在多数情况下只用空气作为气化介质，从而避免了采用空气分离装置，消除了需要对煤气进行多级冷却和复杂的煤气脱硫和回收的过程。GFBCC 的这些特点降低了电厂的成本，使之具有更高的可靠性和电厂效率。

三、大型循环流化床锅炉的工程应用

循环流化床燃烧技术得益于较好的燃料适应性和低成本的污染物防控能力，近几十年在发电行业得到了迅猛发展。从 1979 年世界第一台商用循环流化床锅炉在芬兰 Pihlava 投入运营，2013 年世界首台 600MW 超临界循环流化床锅炉在我国四川内江白马示范电站成功投运，2017 年底韩国三陟电厂 550MW 超超临界循环流化床锅炉陆续投运，到 2020 年我国平朔 660MW 超临界循环流化床锅炉实现双投，再到贵州威赫 660MW 超超临界循环流化床示范项目进入研制阶段，只经历了约四十年时间。在这几十年时间里，各种技术层出不穷，技术流派不断融合，大型循环流化床发电技术持续发展。

国外循环流化床技术中最具代表性、至今仍具有较强生命力的炉型主要为 Lurgi 公司开发的 Lurgi 型循环流化床锅炉、Ahlstrom 公司开发的 Pyroflow 型循环流化床锅炉和 FW 公司开发的 FW 型循环流化床锅炉。

（1）Lurgi 型循环流化床锅炉　Lurgi 型循环流化床锅炉如图 2-18 所示，在外循环回路上布置了外置式换热器。在锅炉运行过程中，一部分高温循环物料经回料装置直接返回炉膛，而另一部分则进入外置式换热器换热至 500～600℃后再返回炉膛。此种布置方式可通过调节水冷锥形阀开度来调控进入外置式换热器的循环物料量，从而完成对床温和再热蒸汽温度的调节。

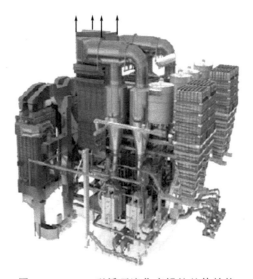

图 2-18　Lurgi 型循环流化床锅炉整体结构

1995 年于法国 Gardanne 电站投运的 250MW Lurgi 型循环流化床锅炉，是当时世界上容量最大的循环流化床锅炉。其额定工况的蒸汽参数为 194.4kg/s，末级过热蒸汽压力和温度分别为 16.9MPa 和 567℃，末级再热蒸汽温度为 566℃。该锅炉燃用当地的高硫煤，并可掺烧一定比例的石油焦。为了解决二次风穿透性的问题，该锅炉采用了单炉膛双布风板结构，并配有 4 台旋风分离器和 4 台外置式换热器。2006 年，在我国白马示范电站投运的 300MW 级循环流化床锅炉也是 Lurgi 型循环流化床锅炉。Gardanne 电站的 250MW 循环流化床锅炉运行参数如表 2-6 所示。

表 2-6 Gardanne 电站的 250MW 循环流化床锅炉运行参数

名称	单位	数值
主蒸汽流量	t/h	700
主蒸汽出口温度	℃	567
主蒸汽出口压力	MPa	16.9
再热蒸汽出口温度	℃	566
锅炉效率	%	92.57
SO_2 排放	mg/m³（6% O_2）	50～250
NO_x 排放	mg/m³（6% O_2）	240

（2）Pyroflow 型循环流化床锅炉　Pyroflow 型循环流化床锅炉由芬兰的 Ahlstrom 公司研制。其最大的特点为在炉膛中上部布置有过热器，同时该型锅炉不设置外置式换热器，如图 2-19 所示。我国内江高坝电厂引进的 100MW 循环流化床锅炉（运行参数见表 2-7）和波兰 Turow 电厂的 1～3 号 235MW 级循环流化床锅炉均为 Pyroflow 型锅炉的典型应用。

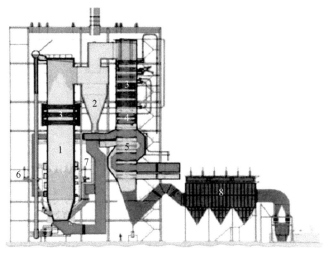

图 2-19　Pyroflow 型 410t/h 循环流化床锅炉
1—炉膛；2—分离器；3—过热器；4—省煤器；5—空预器；6—加料口；
7—石灰石进料口；8—除尘器

表 2-7　高坝电厂的 410t/h 循环流化床锅炉运行参数

名称	单位	数值
主蒸汽流量	t/h	410
主蒸汽出口压力	MPa	9.8
主蒸汽出口温度	℃	540
再热蒸汽出口温度	℃	540
锅炉效率	%	90.7
SO_2 排放	mg/m³（6%O_2）	151～591
NO_x 排放	mg/m³（6%O_2）	47.8～72.3

（3）FW 型循环流化床锅炉　采用多边形冷却式分离器和 INTREX^{TM} 换热器是 FW 型循环流化床锅炉的主要特点。INTREX^{TM} 换热器考虑了内循环物料的作用，这与仅考虑外循环回路的 Lurgi 型外置式换热器不同。通过气动调节，可使内循环物料经过或不经过 INTREX^{TM} 换热器内布置的受热面，在低负荷保证再热蒸汽温度上有一定优势，不过气动调节能力有一定范围要求。同时 FW 型循环流化床锅炉的再热蒸汽温度通常采用蒸汽旁路调节。FW 型循环流化床锅炉的典型应用有美国佛罗里达州 JEA 电力公司 Northside 电站投运的两台 297.5MW 燃煤和石油焦的循环流化床锅炉，2009 年在波兰 Lagisza 投运的 460MW 超临界循环流化床锅炉和 2017 年底在韩国三陟电厂投运的 550MW 超超临界循环流化床锅炉。图 2-20 为 JEA 公司的 FW 型循环流化床锅炉。其采用冷却式分离器进行气固分离，并采用了基于 NISCO 电站 8 年运行经验的 INTREX^{TM} 换热器。在 INTREX^{TM} 换热器内流化速度仅约 0.3m/s，用于流化约 200μm 的颗粒。由于流化速度和颗粒粒径均较小，可有效避免磨损问题。表 2-8 给出了 JEA、Lagisza、三陟电厂的循环流化床锅炉运行参数。

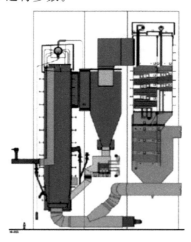

图 2-20　FW 型循环流化床锅炉

表 2-8 JEA、Lagisza、三陟电厂的循环流化床锅炉运行参数

名称	单位	JEA 数值	Lagisza 数值	三陟数据
锅炉功率	MW	300	460	550
主蒸汽流量	t/h	880	1300	1575
主蒸汽出口压力	MPa	17.24	27.5	25.7
主蒸汽出口温度	℃	537	560	603
再热蒸汽出口温度	℃	537	580	603
再热蒸汽出口压力	MPa	3.77	5.48	5.3
再热蒸汽流量	t/h	804	1108	1283
SO_2 排放	mg/m^3（6%O_2）	220	<200	<143
NO_x 排放	mg/m^3（6%O_2）	130	<200	<103

我国是现今世界上循环流化床锅炉装机容量最大、数量最多的国家。截至 2021 年 2 月，我国 410t/h 以上在役循环流化床锅炉约 440 台，总装机容量超过 8300 万千瓦。2002 年，在国家计委的支持下，国内三大锅炉制造商和中国电力工程顾问集团公司下辖的六大设计院联合引进了法国 Alstom 公司的 200～350MW 循环流化床锅炉技术，并以白马电厂的 300MW 亚临界循环流化床锅炉作为示范工程进行了应用。随后，我国三大锅炉制造商均推出了具有自主知识产权的 300MW 级循环流化床锅炉。其中，由东方锅炉首创的 300MW 级不带外置式换热器的亚临界循环流化床锅炉于 2008 年在宝丽华电厂率先投运，引领了行业的技术发展。截至 2020 年底，我国已投运的 300MW 级循环流化床锅炉机组加上已签订的合同达上百台之多。同时为进一步提高机组的发电效率，并减少污染物气体排放，2006 年国家发改委和科技部同时支持 600MW 超临界循环流化床锅炉的研制工作，我国主要锅炉制造单位和科研院所积极开展了超临界循环流化床锅炉的研发工作。在 600MW 超临界循环流化床锅炉示范项目的研制过程中，东方锅炉和国内相关科研院所开展了深入的研究，完成了热力系统设计、水动力安全性等工程领域的设计计算，确保锅炉安全连续运行。2013 年 4 月，由东方锅炉设计制造的世界首台 600MW 超临界循环流化床锅炉在白马示范电站一次通过了 168h 满负荷试运，随后转入商业运营。该锅炉为超临界直流锅炉，一次中间再热，采用单炉膛双布风板 6 分离器 6 外置式换热器的整体 Ⅱ 型布置，采用 6 台汽冷旋风分离器进行气固分离，采用外置式换热器调节床温、蒸汽温度，采用低质量流率垂直管水动力技术。该锅炉整体布置如图 2-21 所示。表 2-9 列出了 600MW 超临界循环流化床锅炉的主要蒸汽参数。

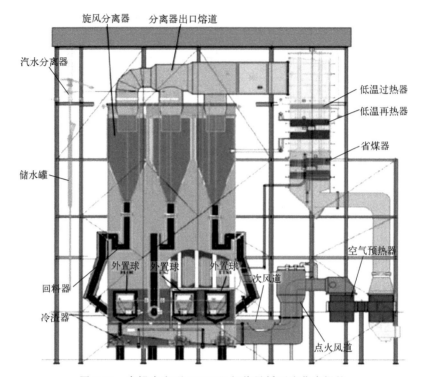

图 2-21 东锅自主型 600MW 超临界循环流化床锅炉

表 2-9 白马电厂 600MW 超临界循环流化床锅炉的主要参数

名称	单位	满负荷
主蒸汽流量	t/h	1900
主蒸汽出口压力	MPa	25.5
主蒸汽出口温度	℃	571
再热蒸汽入口温度	℃	322
再热蒸汽入口压力	MPa	4.728
再热蒸汽出口温度	℃	569
再热蒸汽出口压力	MPa	4.513
再热蒸汽流量	t/h	1552.96
给水温度	℃	287
最大连续蒸发量	t/h	1903
脱硫效率	%	97.12
钙硫摩尔比	—	2.07
SO_2 排放	mg/m³（6%O_2）	192.04
NO_x 排放	mg/m³（6%O_2）	111.94
锅炉效率	%	91.52

第三节　整体煤气化联合循环技术

整体煤气化联合循环（IGCC）技术把洁净的煤气化技术与高效的燃气-蒸汽联合循环发电系统结合了起来，既有高的发电效率，又有极好的环保性能，是一种有发展前景的洁净煤发电技术。在目前的技术水平下，IGCC 发电的净效率可达 43%～45%，今后有望达到更高，而污染物的排放量仅为常规燃煤电站的 1/10，脱硫效率可达 99%，二氧化硫排放在 $25mg/m^3$ 左右，远低于 $200mg/m^3$ 的排放标准，氮氧化物排放只有常规电站的 15%～20%，耗水只有常规电站的 1/2～1/3，对环境保护具有重大意义。

一、整体煤气化联合循环的工作过程

整体煤气化联合循环发电系统，是将煤气化技术和高效的联合循环相结合的先进动力系统，即先将煤炭、生物质、石油焦、重渣油等多种含碳燃料进行气化，然后将得到的合成气净化后用于燃气-蒸汽联合循环的发电技术。它由两大部分组成，即煤的气化与净化部分和燃气-蒸汽联合循环发电部分。第一部分的主要设备有气化炉、空分装置、煤气净化设备（包括硫的回收装置），第二部分的主要设备有燃气轮机发电系统、余热锅炉、蒸汽轮机发电系统。IGCC 的工艺过程如下：煤先经气化成为中低热值的煤气，然后经过净化除去其中的硫化物、氮化物、粉尘等污染物，变为清洁的气体燃料，最后送入燃气轮机的燃烧室燃烧，加热气体工质以驱动燃气透平做功；燃气轮机排气进入余热锅炉加热给水，产生过热蒸汽驱动蒸汽轮机做功。其原理见图 2-22。

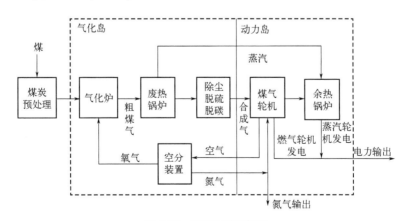

图 2-22　IGCC 原理框图

IGCC 采用燃气-蒸汽联合循环，提高了能源的综合利用率，实现了能量的梯级利用，提高了整个发电系统的效率，较好地解决了常规燃煤电厂固有的污染环境问题。典型的 IGCC 工艺流程见图 2-23。煤先制成水煤浆，由高压水煤浆泵喷入气化炉 1 中，少量的高压氧气也同时喷入，使煤在缺氧的情况下部分燃烧、气化。炉渣经固化冷却后排出气化炉，煤气则经清洗、除尘、脱硫后送到燃烧室 12 燃烧并冲转燃气轮机带动发电机发电。燃气轮机排出的废气温度仍较高，经余热锅炉 5 放热后排入大气。余热锅炉产生的蒸汽送入蒸汽轮机 8 带动发电机发电。煤气清洗中会损失能量，因此这种电站的供电效率不太高，只有 33% 左右，但其脱硫效率高达 99%，且能回收纯硫作工业原料。若采用干粉供煤系统、高温脱硫和除尘技术，并使燃气轮机的初温提高到 1300℃，辅之超高压参数的再热式蒸汽轮机，那么 IGCC 电站的供电效率有望达到 42%～44%。

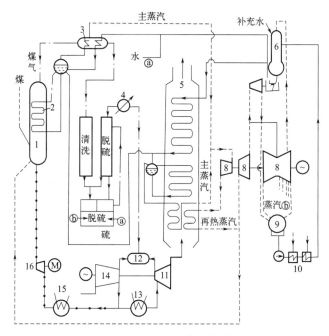

图 2-23　IGCC 的典型系统

1—气化炉；2—气化炉中的辐射换热装置；3—气化炉外的对流换热装置；4—煤气加热器；5—余热锅炉；6—除氧器；7—汽动主给水泵；8—蒸汽轮机；9—凝汽器；10—加热器系统；11—燃气透平；12—燃烧室；13，15—空气冷却器；14—压气机；16—空气增压器

二、整体煤气化联合循环的特点

IGCC 发电技术是当今国际上最引人注目的新型、高效的洁净煤发电技术之一。该技术以煤为燃料，通过气化炉将煤转变为煤气，经过除尘、脱硫等净化工艺，使

之成为洁净的煤气供给燃气轮机燃烧做功，燃气轮机排气余热经余热锅炉加热给水产生过热蒸汽带动蒸汽轮机发电，从而实现了煤气化燃气蒸汽联合循环发电过程。IGCC 发电技术把联合循环发电技术与煤炭气化和煤气净化技术有机结合在了一起，具有高效、清洁、节水、燃料适应性广、易于实现多联产等优点，符合 21 世纪发电技术的发展方向。目前，IGCC 正逐步从商业示范阶段向商业应用阶段过渡。在走向商业应用的同时，许多学者又在研究构思新一代 IGCC 的框架和技术突破口。IGCC 之所以受到重视，是因为它具有下列几个特点。

① IGCC 将煤气化和高效的联合循环相结合，实现了能量的梯级利用，提高了采用燃煤技术发电的效率。目前国际上运行的商业化 IGCC 电站的发电效率最高已达到 43％，与超超临界机组的发电效率相当。当采用更先进的 H 系列燃气轮机时，IGCC 的发电效率可以达到 52％。

② IGCC 对煤气采用了"燃烧前脱除污染物"技术，煤气流量小（大约是常规燃煤电厂尾部烟气量的 1/10），便于处理。因此 IGCC 系统中采用的脱硫、脱硝和粉尘净化设备造价较低，效率较高，其各种污染物排放量都远远低于国内外先进的环保标准，可以与燃烧天然气的联合循环电厂相媲美。

目前常规燃煤电厂的脱硫主要采用尾部脱硫的方法，脱硫产出的副产品是石膏。IGCC 一般采用物理/化学方式脱硫，其脱硫效率可达 99％以上，脱硫产物是有用的化工原料——硫黄。常规燃煤电厂目前没有有效地脱除 CO_2 的方法，IGCC 具有实现 CO_2 零排放的技术潜力。在 IGCC 系统中可以对煤气中的 CO 进行变换，生成 H_2 和 CO_2，H_2 可以作为最清洁的燃料（如燃料电池），CO_2 可以进行分离、填埋回注等，以实现 CO_2 零排放。

③ IGCC 的燃料适应性广，褐煤、烟煤、贫煤、高硫煤、无烟煤、石油焦、泥煤都能适应。采用 IGCC 发电技术，可以燃用我国储量丰富、限制开采的高硫煤，使燃料成本大大降低。

④ IGCC 机组中蒸汽循环部分的发电量约占总发电量的 1/3，因此 IGCC 机组的发电水耗相比常规燃煤机组大大降低，约为同容量常规燃煤机组的 1/2～2/3。

⑤ IGCC 可以拓展为供电、供热、供煤气和提供化工原料的多联产生产方式。IGCC 本身就是煤化工与发电的结合体，通过煤的气化，可使煤得到充分综合利用，实现电、热、液体燃料、城市煤气、化工品等多联供。因此 IGCC 具有延伸产业链、发展循环经济的技术优势。

三、整体煤气化联合循环的主要设备

1. 煤气化系统

煤气化技术是以煤炭为原料，采用空气、氧气、CO_2 和水蒸气作为气化剂，在气化炉内进行煤的气化反应,可以生产出不同组分、不同热值的煤气。气化炉有很长的发展历史,技术比较成熟。按煤在反应器内的流动状态可将气化炉分为三种:①固定床气化炉;②流化床气化炉;③气流床气化炉。在已经进行的 IGCC 试验和示范研究当中,主要包括以鲁奇型固定床、U-gas 型流化床、德士古及壳牌气流床为代表的气化炉。

(1) 固定床(慢移动床)气化炉　常见的有间歇式(UGI 型)和连续式(Lurgi 型)2 种。前者用于生产合成气时一定要采用白煤(无烟煤)或焦炭作为原料,以降低合成气中的 CH_4 含量,国内有数千台这类气化炉,弊端颇多;后者多用于生产城市煤气,如以烟煤为原料用于生产合成气,CH_4 蒸汽转化工段(例如山西潞城引进装置)。

① 固定床间歇式气化炉。以块状无烟煤或焦炭为原料,以空气和水蒸气为气化剂,在常压下生产合成原料气或燃料气。该技术是 20 世纪 30 年代开发成功的,投资少、容易操作,但气化率低、原料单一、能耗高,目前已属于落后的技术。其间歇制气过程中,大量吹风气放空,每吨合成氨吹风气放空多达 $5000m^3$,放空气体中含 CO、CO_2、H_2、H_2S、SO_2、NO_x 及粉灰;煤气冷却洗涤塔排出的污水中含有焦油、酚类及氰化物,易造成环境污染。中国中小化肥厂多数仍采用该技术生产合成氨原料气。

② 固定床连续式气化炉。20 世纪 30 年代,德国鲁奇公司成功开发了固定床连续块煤气化技术,此后在世界各国得到了广泛应用。该气化炉压力 2.5~4.0MPa,气化反应温度 800~900℃,固态排渣,已定型(MK-1~MK-5)。其中 MK-5 型炉,内径 4.8m,投煤量 75~84t/h,煤气产量(10~14)万 m^3/h。煤气中除含 CO 和 H_2 外,CH_4 含量高达 10%~12%,可作为城市煤气、人工天然气、合成气使用。该气化炉的缺点是结构复杂,炉内设有搅拌布煤器、炉排等转动设备,制造和维修费用大;入炉煤必须是块煤;原料来源受一定限制;出炉煤气中含焦油、酚等,污水处理和煤气净化工艺复杂、流程长、设备多,炉渣含碳 5%左右。针对上述问题,1984 年鲁奇公司和英国煤气公司联合开发了直径为 2.4m 的溶渣气化炉(BGL),将固体燃料全部气化生产燃料气和合成气。

(2) 流化床气化炉　常见的有循环流化床气化炉(CFB)、灰熔聚气化炉(U-Gas)、加压流化床气化炉等。

① 循环流化床气化炉。鲁奇公司开发的循环流化床气化炉不仅可气化各种煤,也可以用碎木、树皮、城市可燃垃圾作为气化原料,水蒸气和氧气作气化剂;气化比较完全,气化强度大,是移动床的 2 倍;碳转化率高(97%),炉底排灰中含碳 2%~3%;气化原料循环过程中返回气化炉内的循环物料是新加入原料的 40 倍;炉内气流速度在 5~7m/s 之间,有很高的传热传质速度;气化压力

为 0.15MPa；气化温度视原料情况进行控制，一般控制循环旋风除尘器的温度在 800～1050℃ 之间。CFB 气化炉基本是常压操作，若以煤为原料生产合成气，每千克煤消耗气化剂水蒸气 1.2kg，氧气 0.4kg，可生产煤气 1.9～2.0m³。煤气成分中 $CO+H_2>75\%$，CH_4 含量在 2.5% 左右，CO_2 为 15%，低于德士古炉和鲁奇 MK 型炉煤气中的 CO_2 含量，有利于合成氨的生产。

② 灰熔聚气化炉。灰熔聚煤气化技术以小于 6mm 粒径的干粉煤为原料，用空气或富氧、水蒸气作气化剂，粉煤和气化剂从气化炉底部连续加入，在炉内 1050～1100℃ 的高温下进行快速气化反应；被粗煤气夹带的未完全反应的残炭和飞灰，经两级旋风分离器回收，再返回炉内进行气化，从而提高了碳转化率，排灰系统简单。粗煤气中几乎不含焦油、酚等有害物质，煤气容易净化，这是中国自行成功开发的先进的煤气化技术。该技术可用于生产燃料气、合成气和联合循环发电，特别是用于中小氮肥厂替代固定床间歇式气化炉，以烟煤替代无烟煤生产合成氨原料气，可以使合成氨成本降低 15%～20%，具有广阔的发展前景。

(3) 气流床气化炉　从原料形态分为水煤浆、干粉煤 2 类；从技术层面上分为 Texaco、Shell、Destec、Prenflo，其中 Texaco、Shell 是最具代表性的气流床气化炉。气流床对煤种（烟煤、褐煤）、粒度、含硫量、含灰量都具有较大的兼容性，其清洁、高效代表着当今煤气化技术的发展潮流。4 种气化炉技术特点的综合比较见表 2-10。

表 2-10　4 种气化炉的技术特点比较

技术项目	Texaco	Destec/Dynergy	Shell	Prenflo
进料方式	湿法/水煤浆	湿法/水煤浆	干法/煤粉	干法/煤粉
反应器形式	气流床	气流床	气流床	气流床
氧气纯度/%	95	95	95	85～95
喷嘴/个	1	3（+1）	4	4
喷嘴的寿命/h	1440	1440～2160	>10000	待考验
气化炉内衬	耐火砖	耐火砖	水冷壁+涂层	水冷壁+涂层
内衬的寿命/年	2	3	>10（待考验）	>10（待考验）
冷煤气效率/%	71～76	74～78	80～83	80～83
碳转化率/%	96～98	98	>98	>98
单炉最大出力/(t/d)	2200～2400	2500	2000	2600
示范电站的净功率/MW	250.0	260.6	253.0	300.0
最大容量气化炉的最长运行时间/h	>8860	>7500	>10000	40

续表

技术项目	Texaco	Destec/Dynergy	Shell	Prenflo
示范电站最长连续运行时间/h	720~1000	>324	>2000	25
示范电站的气化炉可用率/%	80~85	90~95（一开一备）	95	—
组成IGCC示范电站的效率/%	设计值：41.6（HHV）试验值：38.5（HHV）	设计值：37.8（HHV）试验值：38.8（HHV）	43（LHV）	45（LHV）
组成的IGCC达到43%（LHV）效率的可能性	有可能（但必须改进全热回收）	容易达到	容易达到	能达到
存在的问题	喷嘴、耐火砖寿命短，全热回收系统和黑水处理系统待改进	喷嘴、耐火砖寿命短，黑水处理系统待改进	黑水处理系统待改进	供料系统待改进
是否气化过类似于中国IGCC电站的煤种	是	否	是	否
目前IGCC电站的造价	低	最低	较高	较高

注：HHV—高热值；LHV—低热值。

2. 煤气净化系统

干煤粉（或煤浆）在气化炉内生成粗煤气，由于煤内污染物的存在，通常煤气中除CO、H_2、CH_4、CO_2和其他气态碳氢化合物外，还有COS、H_2S、粉尘、卤化物、碱金属及焦油蒸气等杂质，这些杂质不仅会对后续系统特别是燃气轮机产生腐蚀和磨损，也会对环境产生危害。脱除煤气中飞灰、焦油、萘、氨、硫化氢等杂质的过程即煤气洁净化过程。

煤气净化的主要目的是满足燃气轮机和环保的要求。粗煤气中含有的粉尘、H_2S、COS、卤化物、NH_3、碱金属及焦油等杂质，不但污染环境，而且对燃气轮机和余热锅炉等主要设备有较强的磨损和腐蚀作用。为了使IGCC机组正常运行并达到较高的可靠性，必须在煤气进入燃气轮机之前，对其进行净化处理。燃气轮机对煤气中含尘量的要求有浓度和粒度分布两项指标，即标准状态下固体颗粒含量小于20~30mg/m³，固体颗粒粒度小于5~10μm。对煤气中硫的要求主要以环保标准为基础，目前采用的脱硫方法所达到的脱硫效果已经远超我国燃煤电厂对硫排放的标准要求。煤气的净化流程如图2-24所示。

（1）脱硫方法　以煤为原料进行气化产生的粗煤气，其中所含的硫化物可分为无机硫和有机硫。无机硫主要是H_2S，而有机硫一般为小分子量的COS、CS_2

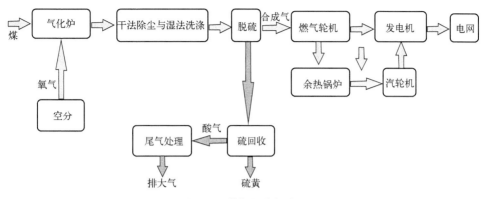

图 2-24　煤气的净化流程

和大分子量的硫醇、硫醚和噻吩等。这些硫化物的存在不仅会污染环境，而且会直接给下游工艺及设备带来危害，必须进行脱除。煤气脱硫的方法主要有高温煤气脱硫、干法脱硫和湿法脱硫。

高温煤气脱硫借助可再生的单一或复合金属氧化物与硫化氢或其他硫化物的反应来完成，操作温度在 400～1200℃ 之间。与冷煤气脱硫相比，不会浪费高温煤气中占总值 10%～20% 的显热，提高发电效率 2% 以上，但目前技术还未成熟，不能实现工业化。

干法脱硫利用吸附剂和/或催化剂将硫化物直接脱除或转化后再脱除，按脱硫剂种类可分为铁系脱硫剂、活性炭系脱硫剂、铝系有机硫水解催化剂、锌系脱硫剂和分子筛系脱硫剂。如 Claus 反应的催化剂，在国内曾使用天然铝矾土、活性氧化铝。干法的特点是脱硫精度高，投资低，运行费用低，几乎没有动力消耗，适合进口浓度低和处理气体量少的脱硫。

湿法脱硫是先利用液体将硫化物从粗煤气中分离、富集，然后再氧化转化为单质硫或硫酸。按所用溶剂的不同，可分为物理吸收法、化学吸收法和物理化学法等。湿法的特点是适合含硫量大或气量大的场合，投资大，运行费用高。IGCC 电厂产气量大，含硫量高，通常采用湿法脱硫。典型的湿法脱硫工艺有低温甲醇洗法、环丁砜法、烷基醇胺法、NHD 法。

（2）除尘方法　IGCC 电站的除尘通常包括两部分，即干法除尘和湿法洗涤。干法除尘能除去大部分固体颗粒物；湿法洗涤不仅能除去其余固体颗粒物，还能除去粗煤气中的卤化物。①干法除尘：主要采用旋风分离器和高温高压陶瓷管过滤器串联方式来完成。旋风分离器依靠粉尘的惯性离心力来完成，气速一般为 18～25m/s，能分离约 90% 的粉尘量。高温高压陶瓷管过滤器的原理与布袋除尘器相同，采用特殊陶瓷材料作为滤件，经过滤后，煤气中含尘量不超过 20mg/m³，

最低可达到 $1\sim2mg/m^3$。②湿法洗涤：湿法洗涤系统包括文丘里洗涤塔、填充料床式洗涤塔，经洗涤后，合成气中固体含量不超过 $1mg/m^3$，并能除去合成气中的卤化物、氨（NH_3）及甲酸（$HCOOH$）。

IGCC 电厂与常规燃煤电厂烟气净化的最根本区别在于 IGCC 电厂在燃烧前净化，处理气量要比常规电厂烟气量小很多，硫的污染物以 H_2S 气体形式存在。各种湿法脱硫方式的目的仅在于将 H_2S 气体富集，形成高浓度的富含 H_2S 气体的酸性气。在硫回收及尾气处理单元中，将富含 H_2S 气体的酸性气进行化学反应生成单质硫或硫酸。脱硫方法及硫回收工艺均适用于 IGCC 粗煤气的净化，具体还应根据对产品气的品质和环保要求，综合投资及运行经济性比较进行选择。

3. 空分装置与空气侧系统整体化

IGCC 系统主要由空气分离系统（简称空分系统）、气化系统、净化系统、燃机系统、余热锅炉和汽轮机系统构成，这些系统互相影响，可以形成不同的组合。空分系统的作用是向 IGCC 系统的气化炉提供富氧气体（氧气含量为 85%～95%）的气化剂，通常称空分系统为 ASU。如果考虑 IGCC 系统中的空分系统是否应该与燃气轮机整体化，可将空分系统分为完全整体化空分系统、部分整体化空分系统和独立空分系统。

(1) 完全整体化空气分离系统　空气分离制氧装置所需的空气全部来自高效率燃气轮机的空气压缩机。其主要特点是空气分离设备的入口气体压力高，可取消单独的空气压缩机或降低空气压缩机的功耗，降低厂用电量。从空气分离装置出来的高压氮气绝大部分回注到燃气轮机的燃烧室参加做功，如图 2-25 所示。

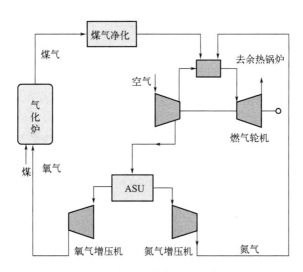

图 2-25　完全整体化空气分离系统

但是这种紧密的配置方式中,空气分离制氧装置的运行与燃气轮机的运行相互制约,使整个电厂的机组启动和运行调节较为复杂。尤其是在启动过程中,用天然气启动燃气轮机并达到稳定工况后,才能从空气压缩机向空分设备输送压缩空气,先进行制氧,再生产煤气,在燃料切换时会给机组的稳定运行带来很大的技术困难,可靠性相对较低,也会影响燃气轮机的出力和循环效率。

(2)独立空气分离系统 空气分离制氧装置所需的空气全部直接来自单独配置的空气压缩机。该系统的特点是,空气分离装置的运行与燃气轮机的运行关系不大,系统简单,机动性能好,整体可靠性高。但其需要单独设置空气压缩机,而空气压缩机的压气效率要比燃气轮机的压气效率低,增加了厂用电量。图 2-26 为独立空气分离系统。

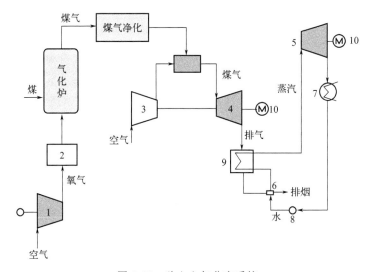

图 2-26 独立空气分离系统
1,3—空气压缩机;2—空气分离装置;4—燃气轮机;5—汽轮机;6—给水加热器;
7—凝汽器;8—给水泵;9—余热锅炉;10—发电机

(3)部分整体化空气分离系统 为了兼顾整体化空气分离系统的高效率和独立空气分离系统的可靠性,空气分离系统压缩空气的一部分由燃气轮机组的空气压缩机抽出供给,其余部分由独立的空气压缩机供给,如图 2-27 所示。

部分整体化空气分离系统的 IGCC 启动过程中,在用天然气启动燃气轮机并达到稳定运行时,启动独立空气压缩机,制氧并制取煤气;当煤气合格后,即可供燃气轮机燃烧,逐渐完成两种燃料的切换,并平稳过渡到从燃气轮机的空气压缩机向空气分离装置提供压缩空气。经济和技术分析以及工程实践表明,部分整体化空气分离系统的综合效率较高。

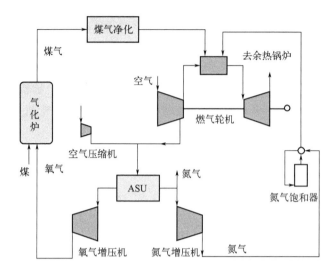

图 2-27 部分整体化空气分离系统

完全整体化式的厂用电率低,但运行不灵活;独立空气分离使得厂用电率增大,但它运行灵活;部分整体化可兼顾两方面的优点。随着 IGCC 空气分离整体化程度的提高,IGCC 的热经济性也相应提高。但是完全整体化空气分离方式 IGCC 的运行灵活性却受到限制。因此,目前 IGCC 电厂较多倾向于采用部分整体化分离方式。

4. 燃气轮机及余热锅炉

(1) 燃气轮机　IGCC 是以燃气轮机为主的联合循环,其热功转换利用的核心部件是燃气轮机。加入系统的全部或大部分热量先在高温区段借助燃气轮机实现高效热功转换、输出有效功,然后充分回收燃气轮机排热产生蒸汽,再在中、低温区段通过汽轮机实现热功转换、输出有效功。燃气轮机主要由压缩机、燃烧室和燃气透平三大主要部件组成,除此之外,还包括进气过滤系统、附件齿轮箱等辅助设备。典型的 IGCC 燃气轮机的具体结构如图 2-28 所示。

① 压缩机。压缩机负责从周围大气中吸入空气,增压后供给燃烧室。为了生成高压空气,压缩机在主轴轴向装有多级叶轮,构成压缩机转子。高速旋转的动叶片把空气从进气口吸入压缩机,经过一级又一级的压缩,变成高压空气。燃气轮机启动时,先把发电机当作电动机带动压缩机旋转,把压缩空气压入燃烧区。燃机点火后,则逐渐转变至由透平带动压缩机旋转压气。

② 燃烧室。燃烧室是燃气轮机能量转化的部件。燃料的化学能在燃烧室内转变为热能进入透平空间膨胀做功,最终热能转变为机械能带动发电机转子旋转。燃烧室包括火焰筒、联焰管过渡段、燃料喷嘴。燃烧室内有燃烧器。对于液体燃料,燃烧器将其雾化从喷嘴喷出。对于气体燃料,燃烧器将其扩散预混从喷嘴喷

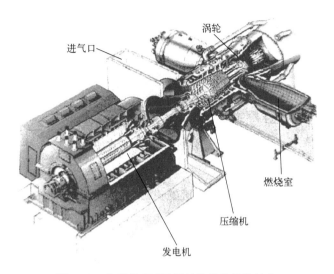

图 2-28 典型的 IGCC 燃气轮机的具体结构

出,与压气机出来的空气充分混合后燃烧,产生的高温高压气体从过渡段出口喷出,进入透平做功。

③ 燃气透平。又称为燃气涡轮,是将压缩机和燃烧器产生的高温高压燃气热能转变为机械能的设备。透平由转子和气缸组成。透平转子一般是 3~4 级,第 1~2 级动叶片为单晶叶片外面加涂层,第 3~4 级动叶片为定向结晶叶片或者一般材料的锻件,各级叶片均有空气冷却孔。

燃气轮机及其联合循环发电排气的主要污染物为燃烧过程中产生的 NO_x。其 NO_x 排放浓度根据燃料种类、燃烧方式的不同有所变化。目前控制燃气轮机 NO_x 排放的方法主要有两种类型,一类就是在燃烧过程中控制 NO_x 的生成,而另一类就是在 NO_x 生成后排入余热锅炉时进行尾部烟气脱硝,或者采用两者结合的技术来达到超低的 NO_x 排放效果。目前比较成熟的控制燃机 NO_x 排放的技术是 DLN 技术、常规 SCR 技术和注水/蒸汽技术,三者各有优缺点和适用范围。从技术的先进性、运行成本、实际运行等情况来看,燃气轮机应优先考虑采用 DLN 技术控制 NO_x 排放。

① 干式低 NO_x 技术(dry low NO_x)。即 DLN 技术,采用空气替代蒸汽或水作为稀释剂,在燃料进入燃烧区域前先与过量空气预先均匀混合,然后进入燃烧区域燃烧,从而达到控制燃烧温度目的的燃烧技术。这是一种预混燃烧技术,主要用于气体燃料。

② SCR(selective catalytic reduction)技术。当燃机排气通过余热锅炉时,喷入氨气,在催化剂的作用下氨气与 NO_x 发生反应,生成氮气和水。

③ 注水/蒸汽技术。在燃烧室内部或在燃气送入燃烧器前喷入适量的水蒸气或水雾，利用水蒸气或水雾吸收火焰中的部分热量，降低火焰温度，同时增加火焰中的湿度，抑制 NO_x 生成。

(2) 余热锅炉　IGCC 多选用无补燃余热锅炉型的联合循环形式，其原因是 IGCC 中燃气轮机的排气温度比较高，余热锅炉完全可以满足产生驱动汽轮机的高温、高压蒸汽的需要。IGCC 配置的余热锅炉在受热面布置方面略不同于常规联合循环中的余热锅炉。气化系统冷却高温煤气的同时，也产生了大量的高、中压饱和蒸汽，因此，IGCC 配置的余热锅炉由省煤器、蒸发器、过热器以及联箱和汽包等换热管束和容器等组成。在省煤器中锅炉的给水完成预热的任务使给水温度升高到接近于饱和温度的水平；在蒸发器中给水变为饱和蒸汽；在过热器中饱和蒸汽被加热升温成为过热蒸汽。IGCC 配置的余热锅炉产生的低压蒸汽供气化系统作为工艺用汽，不足部分可由蒸汽轮机的低压抽汽供给。其他诸如汽水侧的多压特点 IGCC 与常规联合循环的余热锅炉相同。余热锅炉按其结构可以分为立式和卧式两种，如图 2-29 所示。余热锅炉的分类如表 2-11 所示。

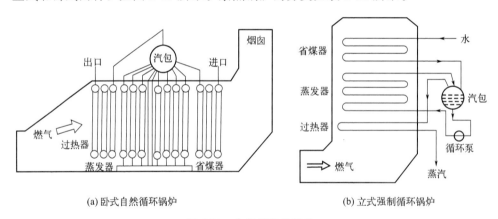

图 2-29　余热锅炉的结构

表 2-11　余热锅炉的分类

分类依据	分类名称	特点
烟气侧的热源形式	无补燃的余热锅炉	单纯回收燃机排气余热，以产生蒸汽
	有补燃的余热锅炉	"部分补燃型"：补充燃料有限 "完全补燃型"：补充燃料充足，几乎消耗完透平排气中的氧气
蒸发器中汽/水工质的循环方式	"强制循环"余热锅炉	汽包下方有循环水泵，管簇水平布置
	"自然循环"卧式布置	锅炉卧式布置，管簇垂直布置
	"自然循环"立式布置	锅炉立式布置，带有高压喷射器的启动泵

续表

分类依据	分类名称	特点
余热锅炉产生的蒸汽压力等级	单压力级	只生产一种压力蒸汽供汽机使用
	双压或三压力级	产生两种或三种压力蒸汽供汽机使用
余热锅炉本体结构布局方式（单压力级）	卧式布置余热锅炉	都是自然循环方式的，管簇直立布置，烟气横向流过各级受热面
	立式布置余热锅炉	大多是强制循环方式，管簇沿高度方向水平布置，烟气自下而上流过各级受热面
余热锅炉所处的自然环境条件	露天布置余热锅炉	现有联合循环电厂大多露天布置，投资经济，需考虑自然因素影响
	室内布置余热锅炉	自然环境恶劣的需要室内布置，安全可靠性高，投资也大
是否有汽包（锅筒）装置	直流式余热锅炉（无汽包）	超临界参数的蒸汽循环。省煤器和蒸发器合二为一，不设循环水泵和锅筒
	汽包余热锅炉（有汽包）	

IGCC系统工艺中煤气的脱硫率很高，燃烧产物中硫化物含量极低，因此，IGCC余热锅炉的排烟温度可以低至90℃左右，余热的利用效果更好。

目前IGCC系统中，一般根据燃气轮机排气温度，合理地选择蒸汽循环流程。当燃气轮机排气温度低于538℃时，不采用再热循环方案；当高于580℃时，采用多压再热方案。另外，一般不用汽轮机排汽加热给水，同时尽可能提高蒸汽初温和初压，如荷兰的Buuggenum电站采用双压再热方案（12.9MPa/511℃，2.9MPa/511℃）。随着燃气轮机初温的提高，IGCC中蒸汽循环完全有可能采用更高的蒸汽参数。

第三章
锅炉混煤掺烧技术

随着工业的快速发展,煤炭等能源的消耗越来越大,我国面临着资源枯竭的危机。在实际生产和生活中,煤炭资源的供应已经满足不了工业发展的强大需求,供电形势一度陷入紧张状态。通过技术改革,促进电厂锅炉混煤掺烧技术的发展,能够提高电厂锅炉的煤炭利用率,减少资源浪费,降低燃煤成本,并有效缓解我国资源吃紧的现状。现应对锅炉混煤掺烧技术进行探索研究,探寻经济进步与生态环境保护的契合点,依据不同类型煤炭的特点展开科学配比,以此来减少资源的耗费,提升电厂锅炉的燃烧成效与资源利用率,从而推进电力领域持续发展。

第一节 电厂锅炉混煤特性

从燃料特性来考虑,燃煤的主要性质根据锅炉需求大体可分为三个层次:第一层次指标是最基本的煤质指标,如碳含量 C、氢含量 H、挥发分 V、灰分 A、全水分 M、发热量 Q、硫分 S;第二层次指标是对燃料特性的重要补充,如可磨性指数 HGI、着火温度 T_i、粒度组成或煤粉细度、有害元素含量、煤灰熔融特性温度、煤灰黏度与结渣性;第三层次指标是对燃用煤质的专门了解,如密度、硬度、比热容、热导率和膨胀系数、热分析、燃烧特性、煤灰表面张力及沾污能力、灰渣强度及烧结温度等。不同煤种混配以后,其煤质特性会发生较大变化,特别是第二、第三层次指标,几乎都不符合线性可加规律。

一、混煤的燃烧特性

1. 混煤的热解及挥发分析出特性

煤中挥发分含量及析出特性对着火过程有着决定性的影响。为了全面了解配煤煤质的挥发分析出特性，可用热重分析方法进行慢速热解条件下的挥发分析出特性试验和沉降炉进行快速热解试验，对多种单一煤及混煤的挥发分析出特性进行评价和比较，对混煤的挥发分析出规律及其影响因素进行探讨。研究结果表明，混煤的挥发分析出特性受到掺混煤质特性、混合比、挥发分含量、煤粉细度、温度、加热速率等因素的影响。组成混煤的两组分煤种的挥发分析出并不是同时进行的。混煤的挥发分释放时间普遍比单一煤种长，造成这一现象的主要原因是不同煤种混合后，除其有机成分的析出顺序发生变化从而相互影响外，还由于其无机成分如煤中各岩相组分在燃烧时的相互影响、相互制约，使得煤的挥发分中各化学成分的比例发生了变化。混煤的挥发分析出特性相比单一煤种稍差，组成混煤的各煤种性质相差越大，其挥发分析出特性越差。混煤的混合比对挥发分析出特性有较大影响，组成混煤的各煤种性质相差越大，则混煤的挥发分析出特性受混合比的影响越大。煤粉细度对混煤挥发分析出的影响比对单一煤种大。

2. 混煤的燃尽特性

对于混煤来说，由于其中低挥发分、低反应活性的煤与高挥发分、高反应活性的煤燃烧速率不同，在燃烧时会出现"抢风"现象，使得低反应活性、低挥发分的煤在缺氧的气氛中燃烧，从而造成了低挥发分煤的燃尽更为困难。以往的研究表明，在通常的燃烧情况下，混煤的综合燃尽率低于掺混煤种分别单烧时获得的燃尽率加权平均值。掺混比例也会对混煤燃烧产生重要影响。如在低品位煤中掺入的高品位煤比例太小，则可能达不到应有的效果，甚至引起燃烧不稳定现象。因此，不同煤种掺烧时，为了保证锅炉的经济性和安全性，高品位煤的掺烧量应达到一定程度。具体的掺烧率可通过试验室试验初步确定后再进行现场调整试验验证。除此之外，煤粉粒度也影响混煤的燃尽性能。应尽可能降低煤粉粒度，特别是降低其中低反应活性煤的粒度。

3. 混煤燃烧时 SO_x、NO_x 的生成与排放特性

在混煤燃烧过程中，SO_x、NO_x 的生成与排放不同于单一煤种。研究结果表明，混煤燃烧对 NO_x 生成的影响主要取决于掺混煤种的相对含氮量和混合比例以及氧浓度，其 NO_x 峰值出现的时间主要取决于掺混煤种的相对挥发分含量及混合比。混煤 NO_x 的释放时间比单一煤种长，当氧气充足时，后期 NO_x 的释放量将增加。因此，若要降低混煤燃烧时的 NO_x 排放，不仅要考虑其前期燃烧阶段，同时也要考虑其中后期燃烧阶段。提高混煤的燃尽率与降低 NO_x 排放存在一定矛盾，对于由性能差异较大的煤种组成的混煤来说，要达到高效低污染燃烧比单一煤更为困难。

对于 SO_x 的生成与排放，通常可采用高硫煤与低硫煤掺混燃烧来降低。不同煤种掺烧时，在考虑控制混煤 SO_x 生成与排放的同时，也应考虑其经济性、结渣、积灰及腐蚀性能等。对于已配置有脱硫系统的锅炉，则对 SO_x 生成与排放不需太多的考虑。

二、混煤的结渣特性

电厂对燃煤的结渣性分析大多只停留在一些常规分析上，如测定煤灰的变形温度、软化温度以及熔化温度。一般认为，只要在易结渣的煤中混入一定量不易结渣的煤，便可以起到减缓结渣速度、降低结渣程度的作用。由于这种观点在现场具有较强的可操作性，已被很多人接受，并逐渐在电厂混煤燃烧工作中得到广泛应用。对两种性质相差不大的燃煤进行混烧这种观点是可取的，但在煤种性质相差很大时可能会出现一些偏差。在人们普遍重视优化运行的今天，更应该重视各煤种的优化配比，以利于优化燃烧。两种煤按不同比例进行混合，其结渣的倾向性是不同的。

对于混煤燃烧结渣规律，国内外学者已进行过详细的研究，结果表明混煤的结渣特性较为复杂，尤其是燃烧性能相差较大的煤种表现得更加明显。影响混煤结渣性能的主要因素有：

（1）混煤灰熔点的变化　不同煤种混合后，其灰熔点变化趋势很复杂，与算术平均值相差甚远，也没有表现出线性关系。有时混煤的灰熔点比两种单一煤都低，有时则比两种单一煤都高。这种变化与所混的两种单一煤的特性及混合比关系较大，煤种差别越大，混合后变化越大。这主要是因为不同煤种混合后，由于矿物质的组成、含量发生变化以及它们之间的相互影响、相互制约，使得不同煤之间的不同矿物质发生化学反应，从而改变了混煤的灰熔融特性。同时，不同煤种混合后煤灰还可能生成共熔体，也使混煤的灰熔融温度发生变化。混煤灰熔点的改变是导致结渣状况改变的主要原因。

（2）混煤灰渣黏度的变化　灰渣黏度对结渣的影响主要体现在受热面结渣强度方面，灰渣黏度越大，受热面结渣越强烈。西安热工院对混煤灰渣的黏温特性研究表明，我国煤渣型相差大的煤掺烧，会改变混煤灰渣的黏温特性，从而使结渣性能改变。

（3）煤中矿物质的离析　煤中矿物质在煤粉颗粒中的含量多少，也会对混煤的结渣倾向产生影响，如黄铁矿偏析严重的煤质结渣较严重。

（4）混煤在炉内的燃烧状况　不同煤种混合后，尤其是性能差异较大的煤混合时，各煤种的燃烧并不是同步进行的。由于高挥发分煤的燃烧消耗大量氧量，因此造成低挥发分煤的燃烧时间延长，此时容易出现低挥发分煤的燃尽发生在炉膛出口附近和炉墙附近，甚至黏附到受热面上继续进行，这样将提高炉膛上部和炉墙附近的温度水平，因而有可能使灰分在未固态化以前就接触到受热面而黏结在其表面造成结渣。此外，性能差异较大的煤种混合燃烧时，高挥发分煤的先期燃烧导致低挥发分煤缺氧，造成局部弱还原性气氛，从而使灰熔点大大降低，使结渣加剧。

（5）燃烧工况参数及锅炉运行参数　炉膛温度、炉内空气动力场、炉内气氛条件、过量空气系数、一/二次风量分配、混合状况、风煤比、煤粉细度等都会对混煤的结渣状况产生影响。

由上述分析可以看到，混煤的结渣性能不仅受混合煤种、混合比的影响，而且受多种因素的影响，其结渣情况相当复杂。同一煤质结渣指标的混煤和单一煤，在同一炉膛和同一燃烧工况下，两者的结渣特性可能存在较大的差异，这主要是因为混煤在炉内的燃烧状况与单一煤不同。因此，若要采用混烧方法减轻或消除锅炉的结渣，必须对混煤的结渣性能和机理进行大量而深入的研究。

三、混煤的可磨性

1. 混煤的可磨性特点

煤的可磨性是一种与煤的硬度、强度、韧度和脆度有关的综合物理特性，它可作为决定电站磨煤机容量的一个重要指标。哈氏可磨性指数 HGI 是一个无量纲的物理量，可用来衡量煤的可磨性。其大小反映了不同煤样破碎成粉的相对难易程度，HGI 值越大，说明在消耗一定能量的条件下，相同量规定粒度的煤样磨制成粉的细度越细。

研究结果表明，按质量比 1∶1 组成的混煤的可磨性并不具有"加和性"，而是趋向于难磨的原煤的可磨性，特别是当一种易磨煤和一种难磨煤混合时。将两种可磨性不同的煤在同一制粉系统中混合磨制时，这两种组成煤种在混煤中所表现出的粒径分布特性不同，即难磨煤的细度较大，而易磨煤的细度较小。因此，混煤的 HGI 值不能由单一组成煤种的 HGI 值按混合比加权平均计算得出，而是趋向于较难磨的原煤。

2. 可磨性对混煤粒径及挥发分的影响

混煤的这种可磨性特点，必然会对混煤的粒径有一定影响。当将两种可磨性不同的煤在同一制粉系统下磨制成混煤时，会导致各单一煤种在混煤中表现出的粒径分布特性不同和各煤种的细度不同。这就可能使混煤的粒径分布范围较大，同时也出现煤粉的偏析，即单一组成煤种在各粒径范围不是均匀分布的，而是在混煤煤粉的大粒径范围内难磨煤占较大部分，易磨煤则在小粒径范围内占大部分。特别是当组成煤种的可磨性相差越大时，这种现象会越明显。

挥发分不仅对煤粉的着火起着重要作用,并且还影响到煤粉后期的燃尽性能。煤的挥发分是涉及物理化学变化的煤质指标,从研究结果来看,混煤的挥发分并不能简单地加权平均计算。混煤燃烧时,各煤种粒子离散分布于气流中,由于各煤种的密度、颗粒直径相差较大,各煤种粒子在气流中的分布很不均匀。这说明不能把混煤的燃烧看成一种新的单一煤种的燃烧,不能以试验测得的混煤中挥发分含量的多少来判断混煤的某些燃烧特性。试验表明,挥发分含量相近的混煤和单一煤相比一般难以着火和燃烧。

从实际应用的观点来看,混煤表现出这样的粒径分布特性和挥发分含量特性很可能会影响其燃烧效果。

3. 可磨性对混煤燃烧特性的影响

(1) 对着火特性的影响　混煤的着火温度与混煤中易着火煤的着火温度非常接近。即混煤的着火点只取决于易着火的煤,而另一种与之混配的煤对混煤的着火点影响不大。这是因为煤种的可磨性不同,而挥发分较高的煤可磨性指数大,易于磨碎,造成了混煤细颗粒部分挥发分含量高,易着火煤所占的比例较大。当外界加热条件达到易着火煤的着火条件时,这部分易着火煤着火燃烧,从而使整个混煤开始着火燃烧。因此可以认为,各煤种的煤质特性相差较大时,混煤的着火特性主要受可磨性和着火特性较好的原煤影响。

(2) 对燃尽特性的影响　在混煤燃烧时,易磨的煤颗粒较细,且一般燃烧性能较好,所以先着火燃烧,而难磨的煤颗粒较粗,结构致密,存在难燃尽问题;再加上易磨的煤颗粒先消耗部分氧气,降低了难磨的煤颗粒周围氧气的浓度,从而减慢了氧气分子向该煤颗粒表面的扩散速度,这就更不利于难磨的煤颗粒的燃尽了,并最终会影响混煤的燃尽。当两种组成煤的可磨性和燃烧特性相差越大时,两种煤颗粒的粒径相差越大,就越有可能出现易磨易燃烧的煤已燃尽,而难磨难燃烧的煤的着火接不上,从而造成着火和燃烧的不稳定。

由此可见,由于可磨性的不同,造成各组成煤种混合磨制时的粒径分布不同,细度不同,影响混煤的着火、燃烧和燃尽。易磨的煤在混煤中的颗粒较细,先着火燃烧,影响着混煤的着火;难磨的煤在混煤中的颗粒较粗,难以燃尽,影响着混煤的燃尽。

表 3-1 为单煤和混煤的可磨性指数试验结果。其中煤种 A 为白沙矿务局煤,煤种 B 为矿山公司煤,煤种 C 为晋城无烟煤。从表 3-1 中的试验结果可以看出,实测混煤的可磨性指数要比单一煤种的可磨性指数加权平均值小,这说明实际混煤的可磨性指数趋向于难磨煤种。根据可磨性指数实测值与平均值的比值可以看出,煤种之间的可磨性指数差别越大,其混煤的实测可磨性指数偏离平均计算值越大。

表 3-1　单煤与混煤的可磨性指数

煤种	可磨性指数	可磨性
煤种 A	109	易磨
煤种 B	71	中等
煤种 C	43	难磨
混煤 A+B（1∶1）	90（平均）	易磨
	76（实测）	中等
混煤 A+C（1∶1）	76（平均）	中等
	59（实测）	难磨

第二节　电厂锅炉混煤燃烧理论

煤粉的燃烧是一个极为复杂的物理化学多相反应过程，既有燃烧化学反应，又存在质量和热量的传递、动量和能量的交换。混煤虽是一个简单的机械混合过程，但由于各组分煤种的物理构成及物化特性不同，混合后不同煤质的颗粒在燃烧过程中相互影响、相互制约，因此其燃烧特性并不是各组分煤种的简单叠加。

一、混煤的热解特性

热解是煤的燃烧过程的一个重要的初始过程，对着火有着极大的影响；并且它是煤的其他转换过程如气化、液化、精炼等的重要步骤，同时与污染物的形成也有密切的联系。因此深入研究煤粉热解机理，有助于了解煤粉的着火与燃烧过程，对煤粉燃烧设备的设计具有重要的指导意义。

煤的物理化学结构十分复杂，其热解挥发也是极其复杂的过程。在煤粒升温时，其物理化学键首先被破坏，形成不稳定的中间产物，然后析出部分产物。所以热解挥发必然是与传质、传热及化学动力学有关的过程。研究煤热解的试验方法包括两大类：连续流动法和静态样品法。

（1）连续流动法　包括一维沉降炉法、透明反应器法和流化床法等。一维沉降炉法应用最广泛，它具有较快的加热速度（约 $10℃/s$）和较高的试验终温（约 $1300℃$）等优点，但也有使挥发分经历二次反应和难以精确计算煤粒温度等缺点。

（2）静态样品法　包括坩埚法、电热栅法和热重分析法等。应用最多的是热重分析法，加热速度一般为 $10\sim200℃/min$，试验终温低于 $1000℃$。其主要优点是能够较准确地测定煤粒温度、热解时间和试样失重，试验简单易行，结果重现性好。但其也有不足之处，如试样为非等温热解，求解得到的动力学参数适应于低温、低加热速度，难以推到高温、高加热速度工况。

混煤的热解特性较单一煤种来说更为复杂，国内普遍采用热天平对混煤的热解特性进行研究。采用热天平可对不同比例的混煤进行热解试验研究，得到不同煤种的 TG 及 DTG 曲线。一般认为混煤与单一煤种相比，其挥发分初析温度与混煤中性能较优的那种煤种相近；混煤的挥发分半峰宽远远大于单煤，混煤的挥发分释放在中温区相当平缓，说明混煤燃烧时其各组成煤种挥发分的析出是非同步进行的，因此混煤燃烧时最好采用分级燃烧方法。采用工业分析的方法测量得到混煤的挥发分含量较单煤少，并且挥发分含量相近的煤种混合后，其混煤的挥发分含量实测值与计算值偏差不大，而挥发分含量相差较大的无烟煤与烟煤混合后，其混煤的挥发分含量实测值与计算值有较大的偏差。

二、混煤的着火特性

通过对煤着火机理的研究，煤的均相着火和非均相着火机理已被人们普遍接受。若颗粒表面加热速率高于颗粒整体热解速率，着火发生在颗粒表面，称为非均相着火。若颗粒表面加热速率低于颗粒整体热解速率，着火发生在颗粒周围的气体边界层中，称为均相着火。之后人们进一步认识到，随着加热速率的升高，它们均向由挥发分火焰直接引燃炭核的联合着火方式过渡。在两种着火方式的理论方面，炭粒非均相着火的热力理论因与许多试验结果相符，得到了较普遍的承认和应用。

混煤着火的难易程度表示的就是混煤的着火特性。混煤的着火特性对石灰窑、锅炉等的运行非常重要，在防止煤粉的制粉系统着火方面有非常重要的指导意义。混煤良好的着火特性对设备的安全和经济运行非常有利。一维沉降炉燃烧试验、锅炉现场试验和热重试验法都是主要研究混煤着火特性的方法。另外，采用热天平研究煤的着火特性也得到了广泛的应用。这种方法是通过 TG 曲线和 DTG 曲线来确定着火点，进而获得其着火特性。一般常见的在热天平上定义着火点的方法有：TG-DTG 法、温度曲线突变法、DTG 曲线法、TG 曲线分界点法和 TG-DTG 曲线分界点法。

煤粉的着火特性表示煤粉在炉膛中在规定的燃烧条件下被点燃的难易程度。由于混煤一般为煤种之间的物理掺混，因此认为混煤的着火特性是各单一煤种的加权平均，但实际情况并非如此。因为混合煤种中的易燃煤会在较低温度下着火，并对难燃煤种起到点火作用，所以混煤的着火特性应偏向于易燃煤种方向。

原煤的着火特性一般用热重方法进行研究，主要的试验特征参数包括着火特

征温度 T_i、燃烧最大失重率及其对应的温度 T_{max}、可燃性指数 C_b。可燃性指数主要反映煤样前期的反应能力，该值越大可燃性越好。表 3-2 为不同比例混煤的着火特性参数，其中煤种 1 为烟煤，煤种 2 为无烟煤。从表 3-2 中可以看出，随着无烟煤掺混比例的提高，其混煤的着火温度升高，可燃性指数降低，但是烟煤的存在，能够使混煤的着火特性得到显著改善。

表 3-2　不同比例混煤的着火特性参数

无烟煤比例/%	最大失重率/(1/min)	T_{max}/℃	T_i/℃	$C_b/10^{-7}$
0	0.119	505	382	8.15
20	0.113	511	395	7.24
25	0.105	517	407	6.33
30	0.095	525	421	5.35
50	0.089	529	430	4.81
100	0.078	559	492	3.01

对混煤的着火特性研究表明，混煤的着火特性除了受各组分煤种及其掺混比例的影响外，还与混煤的煤粉细度等有关。为了更好地了解混煤的着火特性，需要做进一步的研究。目前在对混煤的着火特性研究中发现，混煤着火有以下特点：

① 混煤的着火温度随燃料比（固定碳/挥发分）的增大而线性升高。从着火和稳燃的角度来看，混煤中高燃料比的组分煤种掺混量不宜过大。

② 混煤中易着火煤种的比例减小将导致该煤种在风粉混合物中的实际浓度降低，而浓度降低将使混煤所需的着火热增大，从而导致着火温度升高。在保持混煤中易着火煤种的实际煤粉浓度与该煤种单烧时的煤粉浓度相同的情况下，混煤的着火温度与易着火煤种的着火温度相同。

③ 燃烧性能相近的煤种混合燃烧，其混煤的着火特性与相对难燃的煤相近。当烟煤与无烟煤掺混时，若以无烟煤的燃烧为主，烟煤的掺混会使着火性能产生较大的提高；当以烟煤的燃烧为主时，无烟煤的掺混对着火性能的影响不大。

④ 两种煤质特性相差较大的煤混合后，煤粉气流的着火指数不是两种单煤着火指数的加权平均值，而是明显地靠近单煤中较低的着火指数数值。由此认为两种着火特性不同的煤掺混，混煤的着火特性趋于易着火的单煤。

三、混煤的燃尽特性

对于燃煤锅炉尤其是大型电站锅炉来说，煤粉的燃尽特性直接影响锅炉的燃烧效率和运行经济性。而煤粉的燃尽性能直接取决于炭粒的燃尽，炭粒的反应速率则受诸如氧浓度、气体温度以及颗粒直径等因素的影响。

燃尽特性的主要指标是燃尽温度、燃尽率和燃尽时间，影响着燃烧效率、布袋除尘和运行的经济性。烧掉98%的可燃成分所需要的时间是燃尽时间。一般情况下，燃尽率越高、燃尽温度越低、燃尽所需要的时间越短，混煤的燃尽性能就越好。煤质特性和煤粉燃烧气氛都会影响煤粉的燃尽特性。

国内学者利用沉降炉和一维燃烧炉针对不同的煤种进行了大量的掺烧燃尽实验。结果发现混煤煤焦的热分析燃尽率曲线处于两种单煤煤焦的热分析燃尽率曲线之间，但不是加权平均关系，而是比较靠近难燃尽的单煤，因此认为难燃尽的煤中掺入易燃尽的煤改善其燃尽特性的效果不会太显著。当两种挥发分差异较大的煤种混合后，在燃烧过程中会出现所谓的"抢风"现象，即高挥发分煤种迅速燃烧，消耗大量的氧分，致使低挥发分煤种缺氧，着火过程延迟，延长了低挥发分煤种的燃烧时间，不利于混煤的燃尽。

四、混煤的结渣特性

由于结渣特性直接关系到锅炉机组运行的安全性，因此，对煤的结渣特性进行研究受到国内外众多学者的重视。目前混煤的结渣特性研究强烈依赖单煤的结渣特性研究。

燃料特性、锅炉结构和运行方式是影响锅炉结渣的三大要素。同一个煤种在不同形式的锅炉中结渣程度是有差别的。设计锅炉时炉膛容积热负荷、截面热负荷与燃烧器区域热负荷等参数选取不当，即使灰熔点高的煤种也会结渣。锅炉的运行方式对结渣的影响也很大，对四角切圆燃烧方式来说，各角配风不均匀也会对锅炉结渣造成很大的影响。经常出现同一电厂燃用相同煤种的两台同型锅炉结渣程度不同，其主要原因很可能是运行方式有差别。以上三者相互影响，使结渣问题复杂化，而三者中，对燃料特性的研究又是锅炉设计和运行的主要依据。

混煤的结渣特性除与燃烧特性有一定关系外，主要取决于各掺混煤种的灰特性。但混煤的结渣特性与各单一煤种的权重灰特性并不成比例关系，如神华煤与大同、兖州煤在某些锅炉中掺烧会出现结渣加剧现象，这是因为神华煤种的CaO除了与自身煤灰中的Fe_2O_3反应生成共熔体外，还有多余的CaO与掺烧煤种中的Fe_2O_3形成共熔体。因此混煤的结渣特性应通过试验最终确定，特别是当单一煤种有结渣趋势时。

由于单一煤种的结渣特性已非常复杂，因此混煤的结渣特性复杂程度更大。一般均采用研究单煤的手段对混煤进行研究，并且无法通过研究单煤的结渣程度来得到混煤的结渣特性。也就是说，混煤的结渣特性与其组分煤的结渣特性相去甚远。

第三节　混煤掺烧方式及选择

一、锅炉掺烧方式及技术特点

1. 传统炉前掺配，炉内混烧模式的特点

以往锅炉工作进程中，工作人员所用的方式大多为炉前掺配，炉内混烧。这一技术形式所指代的就是燃料在正式送入锅炉的前期阶段，经由一定的方式展开混合处理，混合匀称后在磨煤机中研磨成粉末才可以送入锅炉中燃烧。这种掺烧形式要求煤的可磨性相似，有足够的混煤和储煤场地，配有相应的混煤设备。此种技术形式对煤粉的着火特点与燃烧的稳定程度以及混煤的抢风状况都具有十分关键的效用与作用。

在混煤之中，煤质差别较为显著的煤，在磨煤设备研磨的进程中，容易研磨的煤以及难以研磨的煤磨制的程度有所差别，存有过磨以及欠磨的状况。这样一来煤粉的细度以及匀称性都无法满足统一标准，因此飞灰含碳量以及炉渣含碳量相对来说都比较高。

对于煤质变动程度较大的混煤，应该在混配设施以及管控方面展开严格要求。如若质量较差的煤种数量较多，那么不但会使得掺混方式欠缺，掺混不匀称，而且还会使得锅炉局部出现灭火的状况，抑或是锅炉结焦。如若在极端情况下加入了质量较为优异的煤，但工作人员的管控不到位，掺混比例不正确，或者参数不合理，那么制粉系统十分有可能产生爆炸情况或者风管被燃烧损毁。

对于炉前掺混方式欠缺的状况，若想有效保护炉前掺混的匀称程度，那么就需要投入较大的劳动强度，输配煤设施需要长时间运转，这对电力能源的耗费是巨大的。

2. 新型混煤掺烧技术研究

分磨制粉极好地解决了采用炉前掺配、炉内混烧时出现的"抢风"现象、可磨特性趋向于难磨煤种、燃尽特性接近于难燃尽煤种等不利因素的影响，以及炉前掺混不均匀造成的燃烧稳定性、经济性以及安全性方面的问题。随着混煤掺烧技术的不断探索和发展进步，根据制粉系统具体设备的不同，分磨制粉的混煤掺烧方式可进一步细分为：

（1）分磨制粉，炉内掺烧　由于以往所用的混煤掺烧模式一直以来都具有抢风以及无法全部燃烧干净的缺陷与不足，因此，为了高效优化锅炉燃烧的成效与质量，相应工作人员研究出了分磨制粉的混煤掺烧方式。这一技术形式高质量缓解了以往燃烧形式对燃烧性能造成的不良影响，获得了优良成效，因此被大范围推行与使用。

如果电厂采用直吹式制粉工艺，混煤掺烧制粉时，要先将不同种类的煤放在不同的磨煤设备中研磨，即分离式制粉工艺，然后经一次风管将混合煤粉吹进锅炉内燃烧。如此，能根据不同的煤种性质，选择合适的研磨时间，保证煤粉总体质地均匀。如此改进，一方面能节约煤粉进入锅炉前的混合时间，对人力和场地条件的要求降低；另一方面能保证煤粉质地均匀，提高锅炉燃烧的稳定性和效率。

如果电厂采用仓储式制粉工艺，首先利用不同的磨煤设备对不同煤质进行研磨，然后分别置于储粉仓中，最后煤粉从储粉仓传输至燃烧器喷口，充分混合后实现燃烧。如此改进，能将不同性能的煤粉传输到对应的温度区，改善燃烧条件，提高燃烧效率。例如，在高热负荷区内更适合燃烧不易凝结的煤质。综合来看，分磨制粉＋炉内掺烧技术可提高煤粉的均匀性，降低煤灰、炉渣中的碳含量，降低劳动力成本，提高燃烧效率和稳定性。

（2）分磨制粉，仓内掺混，炉内燃烧　这一掺烧模式的应用需要在仓中掺混，因此只适合应用在仓储模式的制粉系统中。其实际操作为：仓储模式制粉系统的磨粉设备先将各自选好的一种煤种磨制完毕，之后煤粉会被传输到相同的煤粉仓中进行混掺，混掺结束后分入各个燃烧设备中。

分磨制粉＋仓内掺混＋炉内燃烧技术的优势是：①对于燃尽特性接近难燃煤种的混煤，可以解决燃烧缺陷，提高煤种的利用效率；②突出着火特性，能发挥出易着火煤种相似的优势；③可以降低煤灰和炉渣中的碳含量，尤其是使用低熔点煤时，能减少锅炉结渣现象和大气污染，实现环保目标。应用这样一种混煤的形式，不但可以有效攻克混煤的燃尽特性与难燃煤种相近的缺陷和不足，同时也能有效发挥出混煤的着火特点与容易着火煤种类似的优势，对于飞灰以及炉渣的碳含量降低也具有十分明显的价值效用。此种技术形式也被使用在很多电厂的生产工作之中，获得了显著成效。

（3）分磨制粉，分仓储存，炉内掺烧　先利用不同的磨煤机磨制不同的煤粉，然后分别送入各台磨煤机对应的煤粉仓，最后根据设定每个粉仓的煤粉送入不同的燃烧器喷口，煤粉的混合在炉膛内实现。这种方法可以优化配置煤粉在炉膛内的燃烧。对不同的煤粉根据其特性送入炉膛不同的部位，比如将不易结渣的煤送入炉膛易结渣的部位来控制结焦，又如将容易燃烧的煤粉送入炉膛底部来改善燃烧条件，都可以起到优化燃烧环境，改善燃烧的效果。

二、电厂锅炉混煤配比方案及模型

1. 电厂锅炉混煤配比方案确定

（1）煤种工业分析　测定煤的工业成分就是测定煤中水分、挥发分、固定碳、灰分的质量分数。根据工业分析组成，可以掌握煤在燃烧时的特性，这样便于对锅炉燃烧进行相应的调整，改善燃烧工况，提高经济效率。因此，主要以自动工业分析仪对煤种的特性进行工业分析。

（2）掺烧比例确定　在保证锅炉安全、经济和环保运行的同时，如何确定不同煤种的混合燃烧比例已成为亟待解决的问题之一。因此，以经济性和环保性作为目标，采用多目标配煤模型来确定混煤最佳配备的方法，具有较高的综合效益。首先，在计算混煤配比时，考虑到各目标之间没有联系，会使得决策过程变得复杂，很难做出决策，故以经济性、环保性作为主要目标函数建立多目标决策模型；其次，采用线性加权和法将多目标决策转化为单目标决策，并将多目标决策转化求解。

（3）混煤工业分析　通过对煤种的工业分析与多目标数学模型的建立，最终可确定混煤掺烧比例。以此为基础对混煤进行工业分析，可测定混煤的水分、灰分、挥发分以及固定碳。

（4）掺烧方式确定　混煤掺烧方式共计 4 种：一是炉前配比掺混，炉内混烧；二是分磨制粉，炉内掺烧；三是分仓储存，分磨制粉，炉内掺烧；四是分磨制粉，仓内掺混，炉内掺烧。根据电厂的实际运行情况，选择适宜的混煤掺烧方式。

2. 燃煤掺烧最优配比模型

燃煤掺烧配比可以用数学方法进行简化。已知燃煤掺烧的目的是得到最小发电成本，那么就可以将该目的作为目标函数，而发电成本中的燃煤成本、辅机耗电成本、排放成本以及设备磨损成本就是该目标函数的四个约束条件，因此该问题就是一个典型的线性规划问题。本书采用的配比模型是穷举法，即通过对所有可能的混煤比例下火电厂发电成本的对比，找出最小发电成本的混煤比例，从而得到最优的配煤方案。穷举法是一种遍历搜索的方法，其计算效率对火电厂的配煤问题完全适用。模型的具体流程如下：首先确定火电厂锅炉的运行参数以及需要掺混的煤种参数；其次运用穷举模型，遍历所有煤种组合时的发电成本；最后从所得的发电成本中选出最小值，该值对应的混煤掺混比例也就是最优的配煤比例。燃煤掺烧配比模型还应具有以下功能：①能够满足多目标的要求，当目标发生变化时能够自动改变约束条件。②在已知配煤方案后可以对上煤方案进行计算。③能够实现对磨煤机出力的调整,实现对配煤的二次优化调整。④能够对掺烧的实际效果进行反馈,形成闭环模型。

第四节　不同燃烧方式锅炉的混煤掺烧方式优化

一、四角切圆燃烧方式锅炉的混煤掺烧方式优化

1. 电厂中储式制粉系统锅炉的结构特点

(1) 粉仓与燃烧器连接的布置方式

① 粉仓与燃烧器同边连接。如图3-1(a)所示,锅炉配置4套制粉系统,A、B制粉系统和C、D制粉系统分别对应1号、2号两个粉仓,1号粉仓通过一次风管与1号、2号角燃烧器(炉左)相接,2号粉仓通过一次风管与3号、4号燃烧器(炉右)相接。相比于燃烧器对角布置和分层布置方式,同边连接燃烧器布置方式避免了一次风管的交叉,降低了系统阻力。但是两边煤粉仓煤质存在较大差别时,容易出现燃烧稳定性降低,炉内氧量分布和飞灰含碳量分布不均匀,温度场均匀性差等问题。

② 粉仓与燃烧器对角连接。如图3-1(b)所示,锅炉配置4套制粉系统,A、B制粉系统和C、D制粉系统分别对应1号、2号两个粉仓,1号粉仓对应2号、4号角燃烧器(对角),2号粉仓对应1号、3号角燃烧器(对角)。这种管道连接方式简单,同层一次风管长短偏差小,一次风速调平简单,对混煤燃烧方式的适应性较好。

③ 粉仓与燃烧器分层连接。如图3-1(c)所示,1号粉仓对应A层、B层火嘴和C层燃烧器,2号粉仓对应D层、E层火嘴和C层燃烧器。此种方式对于燃用燃烧特性差异较大的煤种尤为有利。粉仓与燃烧器分层连接的管道布置方式复杂,工作量巨大,压损也大,但是适应性强,可以适应几乎各种混煤掺烧。

(2) 粉仓与粉仓的连接方式　主要有输粉机连接方式和输粉库叉管连接方式。

① 输粉机连接方式。为保证两粉仓粉位的匹配,采用输粉机作为粉仓与粉仓连接的设备。其优点在于方便灵活,缺点在于效率低,可靠性差,而且不能实现两粉仓不同煤粉的同步掺混。

② 输粉库叉管连接方式。如图3-2所示,可采用输粉库叉管作为调节粉仓粉位的设备。此方式的优点在于能很好地完成仓内掺混,并且可以保证均匀。此外,调节挡板的位置,可以轻松实现粉位调节,从而可以避免频繁启动或者停止磨煤机,节约了能源。

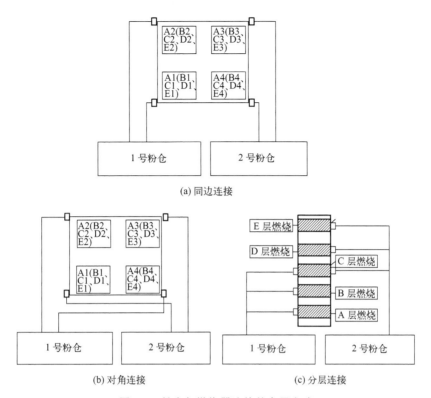

图 3-1 粉仓与燃烧器连接的布置方式

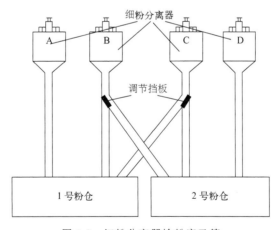

图 3-2 细粉分离器输粉库叉管

2. 300MW 四角切圆锅炉无烟煤不同掺烧方式优化研究

（1）电厂制粉系统的结构特点及主要锅炉设计运行参数。电厂 A、B 制粉系统对应 1 号粉仓，C、D 制粉系统对应 2 号粉仓。1、2 号粉仓通过输粉机调节粉位。该厂1、2号锅炉分别有5层20只煤粉燃烧器。粉仓与燃烧器采用分层连接方式,即1号粉仓对应的10只燃烧器为A、D层燃烧器和E1、E3燃烧器,2号粉仓对应的另外10只燃烧器为B、C层燃烧器和E2、E4燃烧器,见图3-3。此种燃烧器的布置方式,采用"分磨制粉,炉内掺烧",对于燃用燃烧特性差异较大的煤种是较为有利的。在实际操作中,为兼顾燃烧安全性和经济性,可将燃烧特性较好的煤种包夹在燃烧特性较差的煤种外,即1号粉仓燃用好煤,2号粉仓燃用差煤。锅炉设计煤质以及主要设计运行参数及经济指标如表3-3、表3-4所示。

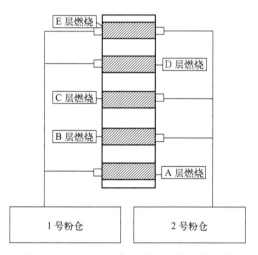

图 3-3 300MW 四角切圆锅炉粉仓的连接

表 3-3 锅炉设计煤质

项目		设计煤种	校核煤种1	校核煤种2
元素分析	$M_t/\%$	8.2	7.35	8.5
	$H/\%$	56.18	2.84	2.16
	$C/\%$	2.7	60.98	51.91
	$O/\%$	4.34	3.62	4.06
	$N/\%$	1.2	1.14	1.3
	$S/\%$	0.48	0.47	1.2
工业分析	$M_{ad}/\%$	1.09	1.25	1.06
	$V_{daf}/\%$	13.55	16.72	10.1
	$A_{ar}/\%$	26.9	23.6	30.87
	$Q_{net,ar}/(kJ/kg)$	214.01	23282	19687

续表

项目		设计煤种	校核煤种1	校核煤种2
可磨性指数	HGI	66	65.2	57.6
灰熔点	变形温度/℃	1355	1320	1320
	软化温度/℃	1365	1345	1340
	流动温度/℃	1420	1405	1400

表 3-4　锅炉主要设计运行参数及经济性指标

项目	最大连续蒸发量 BMCR	91%MCR 300MW	定压 64%MCR	滑压 65%MCR
主蒸汽流量/(t/h)	1025	935	657	562
给水温度/℃	274	269	248	249
过热蒸汽出口温度/℃	540	540	540	540
过热蒸汽出口压力/MPa	17.46	17.31	16.94	14.38
再热蒸汽出口温度/℃	540	540	540	540
再热蒸汽进口温度/℃	329.4	320	299	317
空预器入口烟气温度/℃	418	—	382	388
排烟温度/℃	133/125	128/121	117/108	118/109
锅炉效率/%	91.6	91.82	92.15	92.03

(2) 掺烧优化试验方案　为兼顾燃烧安全性和经济性，将燃烧特性较好的煤种包夹在燃烧特性较差的煤种外，即1号粉仓燃用好煤，2号粉仓燃用差煤。本试验进行两种掺混方式的对比研究，即无烟煤与正常煤种的"炉前掺混"，无烟煤比例控制在30%（工况1）；无烟煤与正常煤种的"分磨制粉，分层掺烧"，A、B磨煤机上正常煤种（烟煤：一般贫煤：无烟煤＝3:4:3），C、D磨煤机单上无烟煤（工况2）。主要对比测试指标为各燃烧器火检强度、炉膛负压、锅炉效率等。无烟煤的煤粉细度控制在4%~6%，正常煤种的煤粉细度控制在12%左右。

(3) 分磨制粉现场优化试验　试验期间，机组负荷300MW。取4台磨细粉分离器出口处煤粉，按1:1比例混合作为两个工况下的混合煤粉样进行工业分析。将两个工况下的混煤煤样缩分作为元素分析用混合煤样。两个工况下的机组煤质工业分析及发热量数据见表3-5，运行基本参数及锅炉效率测试结果见表3-6。

由表3-6可知，同样带300MW负荷条件下，采用"炉前掺混"方式，无烟煤掺烧比例在30%时锅炉效率仅为88.62%，但在掺烧比例近50%条件下，锅炉效率可达到90.4%，锅炉效率提高1.78%，相应可降低供电煤耗约6.5g/(kW·h)。

表 3-5　试验期间入炉煤煤质参数

项目		工况 1	工况 2
元素分析	$M_t/\%$	8.2	7.8
	$H/\%$	1.87	4.34
	$C/\%$	55.24	56.18
	$O/\%$	2.37	2.7
	$N/\%$	1.46	1.2
	$S/\%$	0.89	0.48
工业分析	$M_{ad}/\%$	1.25	1.38
	$V_{daf}/\%$	11.33	10.38
	$A_{ar}/\%$	34.3	32.5
	$Q_{net,ar}/(kJ/kg)$	19100	21300
煤粉细度	磨煤机 A/%	12	14.4
	磨煤机 B/%	13.6	14.8
	磨煤机 C/%	10.8	4.8
	磨煤机 D/%	11.2	3.6

表 3-6　电厂中储式制粉系统切圆燃烧锅炉无烟煤优化燃烧试验数据

项目	工况 1	工况 2
负荷/MW	300	300
无烟煤掺混量/%	30	50
空预器入口氧量/%	3.8	4.2
排烟温度/℃	150.2	148.3
排烟氧量/%	5.45	5.71
环境温度/℃	23.3	22.9
飞灰可燃物/%	8.27	5.53
炉渣可燃物/%	5.2	4.78
排烟热损失/%	5.81	6.05
机械不完全燃烧热损失/%	4.88	2.88
锅炉效率/%	88.62	90.40

造成无烟煤掺烧比例大而锅炉效率高的主要原因有以下几点：

① 分磨掺烧模式下，由于无烟煤煤粉细度得到了有意识的控制，煤粉的着火性能和燃尽性能明显提升。由灰、渣可燃物指标可知，分磨制粉模式下，飞灰可燃物

下降 2.74%，炉渣可燃物下降 0.42%。

② 由于难燃尽无烟煤被裹夹在中间两层，而易着火、着火快、易燃尽的正常煤种在无烟煤的上、下方，正常煤种对无烟煤着火、燃烧、燃尽的支持作用更加凸显，导致飞灰可燃物数据进一步优化。

③ 由于难燃尽无烟煤煤粉细、受正常煤种燃烧支持力度大，因此难燃尽无烟煤煤粉燃烧加快，导致排烟温度有所下降。

从稳定性方面分析，300MW 负荷下，从整体上看，无论是"炉前掺混"还是"分磨制粉"，燃用无烟煤时，在掺混比例 30%～50% 的区间内，锅炉运行基本都是平稳的，炉膛负压波动不超过 ±100Pa，蒸汽温度、汽压平稳，各投运燃烧器火检强度较高。但相比较而言，工况 1"炉前掺混"时第 1、2 层燃烧偏弱，而工况 2"分磨磨制"时，平均火检强度显示燃烧稳定。

从经济性对比分析发现，由于锅炉效率相差达 1.78%，相应地，"分磨掺烧"模式下的机组供电煤耗相比"炉前掺混"模式可降低 6.5g/(kW·h)。按年利用小时数 4000h 计算，2 台 300MW 机组可发电 24 亿 kW·h 电量。由于供电煤耗下降，可年节约标煤 15600t。按标煤单价 1000 元/t 计算，每年可节约燃料成本 1560 万元。

二、W 形火焰锅炉的混煤掺烧方式对比研究

1. W 形火焰燃烧方式的特点

针对 V_{daf}<12%～14% 的劣质煤难着火的特点，英、美等国发展了一种专门用于燃烧低挥发分煤种的 W 形火焰燃烧技术，又称拱形炉膛燃烧技术。由于火焰行程长，拱部区域炉膛温度高，W 形火焰燃烧技术特别适合无烟煤电站锅炉。目前，国内主要的 W 形火焰锅炉有三个厂家，属于三种流派，即英国巴布科克公司、东方锅炉有限公司、北京巴布科克·威尔科克斯公司（以下简称北巴公司）等。W 形火焰锅炉具体的结构形式如图 3-4 所示。

W 形火焰锅炉炉膛下部的燃烧室比上部的燃烧室大 80%～120%，前后突出的炉顶构成炉顶拱，煤粉喷嘴装在炉顶拱上，并向下喷射。当煤粉气流向下流动扩展时，在炉膛下部与二次风相遇后，180°转弯向上流动，形成 W 形火焰。燃烧生成的烟气进入辐射炉膛。在炉顶拱下部区域的水冷壁上敷设有燃烧带，可使着火区域形成高温，利于着火。

W 形火焰燃烧方式的炉内过程分为三个阶段：第一阶段为起始阶段，燃料在低扰动状态下着火和初燃，空气以低速少量引入，以免影响着火；第二阶段为燃烧阶段，燃料和二次风、三次风强烈混合，急剧燃烧；第三阶段为辐射传热阶段，燃烧生成物进入上部炉膛除继续以低扰动状态使燃烧趋于完全外，还对受热面进行辐射热交换。

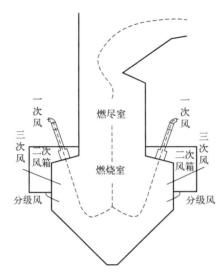

图 3-4　W 形火焰燃烧炉膛基本形式

国内外实践证明，W 形火焰燃烧方式对燃用低挥发分煤是有效的。但其锅炉容积大小和形状结构、燃烧带的敷设位置及面积、配风比例及风速等因素，对 W 形火焰燃烧都会产生显著的影响。

分析 W 形火焰燃烧方式，发现其有如下的主要特点：

① 由于煤粉颗粒在炉内停留时间长，燃烧的火焰行程长，可以使低挥发分煤粉的燃尽率提高。

② 由于 W 形火焰锅炉采用分级配风的燃烧方式，使一次风和二次风从拱上向下喷出，燃烧层次更分明，可以逐级加入，能很好地满足低挥发分煤粉燃烧过程比较缓慢的特点。

③ 由于炉膛下部覆盖了卫燃带，增加了受热面面积，从而提高了下部炉膛的平均温度，对无烟煤等挥发分低的煤燃尽起到了很好的作用。

W 形火焰燃烧方式的锅炉，其主要特点是煤粉和空气的后期混合较差，且由于下部炉膛截面较上部炉膛大，因此火焰中心偏低，炉内温度水平较低，可能使不完全燃烧热损失增大（为解决这个问题，必须在炉顶拱下部的水冷壁上敷设燃烧带，以造成着火区的高温，但燃烧带敷设的部位易引起结渣）。此外，炉膛结构比较复杂，且尺寸较大，因而造价也较高。

2. W 形火焰锅炉无烟煤贫煤不同掺烧方式试验研究

通过试验，确定不同煤种在"分磨掺烧"与"炉前掺烧"两种方式下的锅炉效率。根据不同煤种的标煤单价，求得两种方式下的供电煤耗以及对应单位电量的经济花费。通过煤耗及单位电量花费的经济性比较，确定燃烧劣质煤时合理科学的掺烧方式。

(1) 煤种的选择　选定优质贫煤郑煤和当地无烟煤为试验煤种。两种煤种的煤质参数见表 3-7。

表 3-7　煤种煤质参数

项目	优质贫煤	当地无烟煤
$M_t/\%$	8.2	5.9
$M_{ad}/\%$	1.18	1.35
$V_{ad}/\%$	10.64	4.98
$A_{ad}/\%$	30.88	33.44
$Q_{net,ar}/(kJ/kg)$	22300	19300

(2) 试验方式及磨煤机、煤种匹配

① 分磨掺烧方式。根据 180MW 负荷下的炉膛测温结果，发现左后、右后炉膛温度偏低，为保证燃烧效率，取 B、C 磨煤机单独磨制郑煤，A、D 磨煤机单独磨制本地无烟煤。在分磨掺烧方式下，进行不同的配风方式优化（郑煤和本地无烟煤二次风、分级风配风方式有所区别），进行两个工况的效率测量。

② 炉前掺烧。郑煤和本地无烟煤 1:1 在煤场混合均匀后同时上 A、B、C、D 四台磨煤机。4 台磨煤机燃用同样煤种。在炉前掺混方式下，调平氧量，控制不同氧量，进行两个工况的效率测试。

(3) 混煤掺烧方式优化试验结果　分磨掺烧试验在同一天早班进行，两个工况之间时间相差 1h。炉前掺混试验在第二天早班进行，两个工况之间时间相差 1h。因此工况 1、2 共用一个煤质参数，工况 3、4 共用一个煤质参数。各测试数据分别见表 3-8、表 3-9。

表 3-8　不同混配方式下的试验煤质参数及煤粉细度（负荷 300MW）

工况	工业分析					煤粉细度/%			
	$M_t/\%$	$M_{ad}/\%$	$V_{ad}/\%$	$A_{ad}/\%$	$Q_{net,ar}/(kJ/kg)$	磨煤机 A	磨煤机 B	磨煤机 C	磨煤机 D
分磨掺烧 1（工况 1）	7.3	1.33	7.79	31.14	21353	7.2	2.0	1.4	6.4
分磨掺烧 2（工况 2）									
炉前掺烧 1（工况 3）	6.9	1.32	7.37	33.27	20945	10.8	5.6	7.2	6.6
炉前掺烧 2（工况 4）									

表 3-9　不同掺混方式下的机组运行参数及经济性指标对比（负荷 300MW）

项目	工况 1	工况 2	工况 3	工况 4
一次风压/kPa	8.01/8.58	8.3/9.04	8.33/8.91	8.41/9.08
一次风温/℃	375.2	375.5	375.5	375.9
二次风压/kPa	1.33	1.29	1.3	1.42
二次风温/℃	358.4	358.9	358.2	358.0
排烟温度/℃	142.3	140.8	145.5	145.3
排烟氧量/%	4.8	4.43	4.35	5.03
环境温度/℃	29.27	28.33	29.51	29.22
飞灰可燃物/%	5.28	5.7	6.33	6.74
炉渣可燃物/%	5.66	11.64	14.46	12.51
排烟热损失/%	4.98	4.82	4.88	5.04
机械不完全燃烧热损失/%	2.60	312	3.93	4.01
锅炉效率/%	91.79	91.43	90.54	90.29

从锅炉效率对比来看，分磨掺烧模式下，平均锅炉效率为 91.61%，而炉前掺混模式下，平均锅炉效率为 90.41%，两者相差 1.2%。

从试验数据来看，由于煤粉细度控制问题，导致分磨制粉下的飞灰可燃物和炉渣可燃物均较炉前掺混模式下好。四种工况下的各层炉膛温度如表 3-10 所示。

表 3-10　不同掺配方式下的各层炉膛温度对比

测温位置		工况 1	工况 2	工况 3	工况 4
屏过层 (41m)	着火孔 1	1125	1126	1141	1111
	着火孔 2	1070	1130	1111	1097
	着火孔	1074	1058	1062	1084
	着火孔	1027	1037	1019	1042
	平均	1074	1074.75	1083.25	1083.5
拱上（35m）	左前	—	—	—	—
	左后	1177	1201	1250	1229
	右前	1195	1224	1215	1235
	右后	1175	1208	1214	1199
	平均	1182.33	1211	1226.33	1221
32m	左前	—	—	—	—
	左后	—	—	—	—
	右前	1260	1278	1304	1321
	右后	1224	1266	1297	1271
	平均	1242	1272	1291.15	1296

续表

测温位置		工况 1	工况 2	工况 3	工况 4
燃烧器处 (29m)	左前	1381	1382	1329	1340
	左后	—	—	—	—
	右前	—	—	—	—
	右后	—	—	—	—
	平均				
17m	左前	1546	1438	1519	1516
	左后	1419	1413	1438	1410
	右前	1456	1533	1409	1452
	右后	1577	1653	1428	1480
	平均	1499.5	1509.25	1448	1459.5
12m	左前	1076	981	1077	1118
	左后	1017	1026	1014	939
	右前	1139	1042	981	966
	右后	1187	1190	1069	1116
	平均	1104.75	1059.75	1035.25	1034.75

注:"—"代表无观测孔或观测孔被焦完全堵严。

从表 3-10 中的数据可以看出,分磨制粉模式下的屏过层烟气温度均低于炉前掺混模式,平均偏低约 9℃。这是表 3-9 中,分磨制粉模式下的排烟温度低于炉前掺混模式的主要原因。B、C 磨煤机对应左后和右后角。应注意到,由于 B、C 磨煤机单上着火特性和燃烧特性更好的郑煤,郑煤燃烧强度较高,因此分磨制粉模式下,17m 层和 12m 层,很明显地呈现出左后和右后的炉膛温度高于炉前掺混模式。

(4) 单位电量经济性分析 由表 3-11 可知,在质量比 1∶1 的掺混条件下,由于锅炉效率差异,导致分磨掺烧模式下的供电煤耗较炉前掺混模式低 4.34g/(kW·h)。按郑煤标煤单价 1200 元/t、当地无烟煤标煤单价 800 元/t 计算,分磨掺烧模式下的燃料成本为 0.331822 元/(kW·h),而炉前掺混模式下为 0.336226 元/(kW·h),节约成本 0.004404 元/(kW·h)。

按年利用小时数 5000h,年发电 30 亿 kW·h 计算,由于锅炉效率提高,每年可节约燃料成本 1321 万元。

综上,对于郑煤和当地无烟煤,由于燃烧特性差异较大,为充分提高当地无烟煤的煤粉细度,采用分磨掺烧方式,能有效提高锅炉运行效率,节约大量燃料成本。分磨掺烧模式可根据炉膛温度不同,将易着火、易燃尽的煤种放在炉膛温度偏低的区域,改善该区域的燃烧环境。

表 3-11 燃烧成本对比

项目	分磨制粉，炉内掺烧	炉前掺混，炉内混烧
锅炉效率/%	91.61	90.41
汽轮机效率/%	43.90	
厂用电率/%	6.5	
供电煤耗/[g/(kW·h)]	327.1042	331.4458
当地无烟煤标煤单价/(元/t)	800	
郑煤标煤单价/(元/t)	1200	
燃煤成本/[元/(kW·h)]	0.331822	0.336226

三、对冲燃烧超临界参数锅炉的混煤掺烧技术研究

1. 某电站对冲燃烧锅炉设备概述及基本参数

某电站的 3、4 号锅炉是东方锅炉有限公司生产的 DG1900/25.4-Ⅱ1 型超临界参数变压直流本生锅炉，一次再热、单炉膛、尾部双烟道结构、采用烟气挡板调节再热蒸汽温度，固态排渣，全钢构架、全悬吊结构，平衡通风、露天布置，前、后对冲燃烧。每台锅炉共配有 24 个 BHDB 公司生产的 HT-NR3 型旋流煤粉燃烧器，与之配套的是 6 台沈阳重型机械厂生产的 BBD4060 型双进双出磨煤机。每台磨煤机对应 4 个燃烧器，其布置方式如图 3-5 所示。

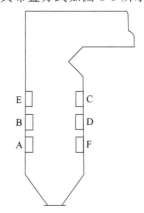

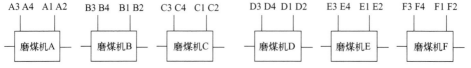

图 3-5 对冲燃烧锅炉燃烧器布置

这两个锅炉设计燃用烟煤与贫煤的混煤。3、4号锅炉设计煤质参数见表3-12，锅炉设计运行参数见表3-13，热损失见表3-14。

表3-12 3、4号锅炉设计煤质参数

项目		设计煤种	校核煤种1	校核煤种2
元素分析	$M_t/\%$	8.23	8	8.56
	$H/\%$	2.52	3.2	2.16
	$C/\%$	60.06	52.3	66.52
	$O/\%$	3.49	5.3	2.29
	$N/\%$	1.11	1.4	0.95
	$S/\%$	0.98	0.5	1.43
工业分析	$M_{ad}/\%$	1.38	—	1.38
	$V_{daf}/\%$	14.93	21	10.85
	$A_{ar}/\%$	23.54	29.2	28.07
	$Q_{net,ar}/(kJ/kg)$	22570	20300	24605
可磨性指数	HGI	70	70	58
灰熔点	变形温度/℃	1450	1450	1230
	软化温度/℃	—	—	1380
	流动温度/℃	—	—	>1450

表3-13 3、4号锅炉设计运行参数

项目	BMCR	BRL	THA	75% THA	50% THA
过热蒸汽流量/(t/h)	1913	1810.6	1664.1	1226	807.8
过热蒸汽出口压力/MPa	25.4	25.3	25.0	24.4	16.4
过热蒸汽出口温度/℃	571	571	571	571	571
再热蒸汽流量/(t/h)	1582.1	1493.5	1388.2	1040.1	700.4
再热蒸汽进口压力/MPa	4.336	4.087	3.802	2.852	1.9
再热蒸汽出口压力/MPa	4.146	3.907	3.632	2.701	1.8
再热蒸汽进口温度/℃	311	305	299	280	288
再热蒸汽出口温度/℃	569	569	569	569	569
给水温度/℃	281	277	272	254	232
过热器一减喷水量/(t/h)	76.5	72.4	66.6	49.0	32.3
过热器二减喷水量/(t/h)	76.5	72.4	66.6	61.4	40.4
再热器减温水量/(t/h)	0	0	0	0	0

续表

项目	BMCR	BRL	THA	75% THA	50% THA
炉膛出口过量空气系数	1.14	1.14	1.14	1.21	1.34
省煤器出口过量空气系数	1.15	1.15	1.15	1.22	1.35
空气预热器进口烟温/℃	385	378	369	344	324
一/二次风进口风温/℃	30/22	28/21	26/19	30/30	35/35
一次风出口风温/℃	325	321	313	297	285
二次风出口风温/℃	339	334	326	307	292
锅炉排烟温度（修正前）/℃	127	123	111	112	105
锅炉排烟温度（修正后）/℃	122	118	111	107	101
锅炉计算热效率/%	92.99	93.13	93.41	93.04	92.85

注：BMCR 为锅炉最大连续出力工况；BRL 为锅炉额定工况；THA 为汽轮机热耗考核工况。

表 3-14 3、4 号锅炉热损失（设计煤种）

项目	BMCR	BRL	THA	75% THA	50% THA
排烟热损失/%	4.80	4.65	4.36	4.68	4.77
机械不完全燃烧热损失/%	1.75	1.75	1.75	1.75	1.75
不可测量热损失/%	0.3	0.3	0.3	0.3	0.3
总热损失/%	7.01	6.87	6.59	6.96	7.15
锅炉计算热效率/%	92.99	93.13	94.41	93.04	92.85

2. 对冲燃烧锅炉无烟煤掺烧试验

由于 600MW 超临界参数对冲燃烧锅炉的结构特点，电厂严格控制无烟煤的掺烧比例。掺烧优化前，当煤场库存中无烟煤比例过高时，电厂采用的无烟煤掺烧比例明显不适应该情况。如何在确保锅炉运行稳定性和经济性的基础上，提高无烟煤的掺烧比例，是电厂需要解决的主要问题。

首先根据试验期间的电厂煤场存煤结构，选择晋城无烟煤（M1）、五澎水运煤（M2）、平顶山烟煤（M3）、资江煤（M4）、周边煤（M5）等作为试验煤种。试验煤种的库存量以及相关煤质参数如表 3-15 所示。

表 3-15 试验煤种的库存量及主要煤质参数

煤种	库存量/t	低位发热量/(kJ/kg)	可燃基挥发分/%	硫值/%
M1	36100	21969	11.09	0.92
M2	83600	18967	13.80	1.61
M3	54400	16052	37.61	0.6
M4	38100	16740	10.93	1.28
M5	30000	17271	13.09	1.55

试验期间,应维持总风量和总燃料量不变,参数波动在允许范围内。正常煤种的煤粉细度控制在16%左右,无烟煤的煤粉细度控制在8%左右。

试验循序渐进,先进行1套制粉系统单上无烟煤(晋城煤)试验,然后根据试验结果决定是否进行2套、3套制粉系统单上无烟煤。如燃烧稳定性较好,增加资江煤入晋城无烟煤仓。试验工况说明如表3-16所示。超临界参数对冲燃烧锅炉的无烟煤优化燃烧试验数据如表3-17所示。

表3-16 各试验工况磨煤机给煤情况

项目	磨煤机 A	磨煤机 B	磨煤机 C	磨煤机 D	磨煤机 E	磨煤机 F	混煤比例
工况 1	混煤	M1	混煤	混煤	混煤	混煤	M2:M3:M5=3:2:5
工况 2	混煤	M1	混煤	混煤	混煤	混煤	M1:M2:M3:M5=1:3:3:3
工况 3	混煤	M1:M4=7:3	混煤	混煤	混煤	混煤	M1:M2:M3:M4:M5=0.7:3:3:0.3:3
工况 4	混煤	M1	混煤	混煤	混煤	M1	M2:M3:M5=4:3:3
工况 5	混煤	M1	混煤	混煤	混煤	M1	M1:M2:M3:M5=1:3:3:3

表3-17 超临界参数对冲燃烧锅炉的无烟煤优化燃烧试验数据

项目	工况 1	工况 2	工况 3	工况 4	工况 5
负荷/MW			300		
无烟煤掺混量/%	15	20	20	28	33
空预器入口氧量/%	3.8	3.5	3.6	3.9	3.7
排烟温度/℃	150.64	153.51	155.26	157.25	161.74
排烟氧量/%	4.78	4.36	4.51	5.02	4.89
环境温度/℃	35.26	35.86	35.34	36.51	36.82
飞灰可燃物/%	4.44	5.47	6.59	8.65	9.54
炉渣可燃物/%	4.14	5.87	9.69	7.07	10.94
排烟热损失/%	5.09	5.07	5.11	5.27	5.41
机械不完全燃烧热损失/%	4.27	4.69	5.71	7.11	8.08
锅炉效率/%	91.26	90.67	90.01	89.61	88.24
锅炉效率(煤质修正)/%	91.83	91.63	90.97	89.88	89.09

由表 3-17 可知，当无烟煤掺混量 15% 左右时，锅炉效率基本正常，机械不完全燃烧热损失不大，主要的锅炉效率损失是排烟热损失。这除了与煤质有关外，还与受热面的换热效果、空预器的换热效果等有关。

当劣质无烟煤掺入后，锅炉效率有较为明显的下降。当无烟煤的比例进一步提高到 30% 以上时，锅炉效率有实质上的下降。

从运行情况来看，5 个工况下的锅炉燃烧均较为稳定，炉膛负压平稳，蒸汽温度、汽压平稳，各投运燃烧器火检强度较高。各工况下，平均火检强度显示燃烧稳定。

现场试验证明采用"分磨制粉"时，可以掺烧 25%～30% 甚至更高比例的无烟煤，锅炉燃烧稳定。掺烧无烟煤超过 30% 时，锅炉效率有实质下降。根据试验结果发现，1 台磨煤机单独燃用无烟煤，其余磨煤机掺烧 10% 无烟煤的经济性和稳定性控制较好。

第五节　混煤掺烧煤种与方式选择的基本原则

一、掺烧煤种选择的基本原则

依据 DL/T 1445—2015《电站煤粉锅炉燃煤掺烧技术导则》，混煤掺烧煤种选择的基本原则应当符合以下几点：

① 设计燃用无烟煤的宜采用无烟煤、贫煤作为掺烧煤，可部分掺烧烟煤，不宜掺烧褐煤。

② 设计燃用贫煤的宜采用贫煤、无烟煤、烟煤作为掺烧煤，不宜掺烧褐煤。

③ 设计燃用烟煤的宜采用烟煤、贫煤、褐煤作为掺烧煤，不宜掺烧无烟煤。

④ 设计燃用褐煤的宜采用褐煤、烟煤作为掺烧煤，不宜掺烧贫煤、无烟煤。

⑤ 掺烧过程宜进行燃烧试验；当不同煤的挥发分 V_{daf} 相差大于 15% 时，应进行燃烧试验。

对于混煤煤质，有以下要求：

① 入炉混煤的灰熔点应满足 ST$\geqslant\theta_c$＋150℃，FT$\geqslant\theta_p$－100℃。ST 为灰软化温度；FT 为灰熔融温度；θ_c 为设计炉膛出口温度；θ_p 为设计屏底温度。

② 入炉混煤的灰分应满足除灰渣系统、除尘系统能力的要求。

③ 入炉混煤的水分应满足制粉系统干燥能力的要求。

④ 入炉混煤的可磨性指数应满足制粉系统制粉出力的要求。

⑤ 入炉混煤的发热量应满足锅炉带负荷能力的要求。

⑥ 入炉混煤的硫分应满足脱硫系统能力的要求。

混煤煤质指标计算方法：单样参数按质量比例加权平均。

电厂常采用的几种掺烧方式有：①间断掺烧方式。可用于降低炉膛结渣目的的掺烧。若单烧某一煤种一段时间造成比较严重的结渣，可改烧一段时间其他不易结渣的煤种或含其他不易结渣煤种的混煤，待炉膛结渣缓解后再切换回原单烧煤种。②预混掺烧方式。在入炉煤上煤过程中，按不同的掺烧比例调整取料机速度进行掺配，将各单一煤种倒换至同一带式输送机上，通过多次带式输送机转运进行混合，属于运动过程中的混煤。在电厂储煤过程中掺配，先将一种入厂煤摊开，然后在其上面按比例覆盖另一种入厂煤，掺烧煤在入炉上煤时由横断面取煤，属于静态混煤。③分磨掺烧方式。适用于直吹式制粉系统的锅炉。分磨掺烧中，不同入厂煤由对应不同层燃烧器的磨煤机磨制，燃煤在炉内燃烧过程中混合（可随时根据负荷等调节比例）。不同掺烧方式的优缺点如表 3-18 所示。入厂煤煤质特性对掺烧方式的适应性见表 3-19。

表 3-18　掺烧方式优缺点比较

掺烧方式	间断掺烧	预混掺烧	分磨掺烧
优点	在电厂供煤比较困难或煤场较小，不便存放的情况下采用较为方便	对结渣防治较为有效。在掺烧高水分褐煤时采用该方法对防止制粉系统爆炸有效，并能充分利用各磨煤机的干燥能力，提高掺烧量	不需要专用混煤设备，易实现，掺烧比例控制灵活。煤种性能差异较大时，燃烧稳定性易掌握
缺点	煤种切换周期长，可能出现高负荷燃烧时结渣，在煤种切换过程出现大量落渣问题。不适合煤质特性差异较大的煤种掺烧	对混煤设备和混煤控制要求较高，一般电厂实施困难	一般只能用于直吹式系统。炉内混合存在不均匀的可能。煤种差异较大时对煤场管理要求较高
尽量避免的掺烧煤种	为减轻煤燃烧结渣程度，应注意掺烧煤的特性，如神华煤不能与高 Fe_2O_3（原则为大于 8%）煤掺烧	掺烧煤热值等参数相差较大时，应注意混合均匀性	烟煤、褐煤锅炉下层的磨煤机避免掺烧低挥发分煤和劣质烟煤
应用较为成功的锅炉	大多数电厂受条件所限，不得不采用该方式，不出现问题的较少	内地及沿海主要大容量机组等	沿海地区电厂
建议	该方法的危险性较大，尽量少采用。鉴于国内较多电厂煤场较小，建议采用设施齐备的港口进行配煤	对结渣防治有效，应尽量采用	掺烧位置的选择对机组运行有一定影响，应重点关注。在操作过程中应注意制粉系统防爆问题

表 3-19　入厂煤煤质特性对掺烧方式的适应性

入厂煤差异	间断掺烧	预混掺烧	分磨掺烧
挥发分、发热量、灰软化温度相近	√√	√√	√√
挥发分跨等级（或差异绝对值大于15%）	×	√	√√
发热量差异超10%	×	√	√√
灰软化温度差异大，其中有低灰软化温度煤	√	√√	—
掺烧易爆炸煤和流动性差的煤	×	√√	—
掺烧高水分煤	—	√√	√√
可磨性相差大	×	√√	√√

注：√√表示适应性好；√表示基本适应；×表示适应性差；—表示不推荐。

二、掺烧安全性分析

当煤质不均匀时，燃料热值、挥发分、含硫量等波动极大，将给燃烧的安全性、经济性带来危害，造成制粉系统爆炸、一次风管烧损、燃烧器烧坏、锅炉灭火、结焦、带不起负荷等事故或异常。因此，在这里，混煤掺烧安全性是指由于煤机故障、煤场管理异常、掺配比例不合格、混煤掺烧方式选择不合理等问题导致的锅炉运行安全性和稳定性存在风险。

必须明确，保证混煤掺烧安全的必要条件有三个：

① 保证进入原煤仓中的煤质均匀稳定。

② 控制入炉煤粉煤质稳定。

③ 控制炉内燃料分布均匀。

上述要求的目的是避免进入制粉系统、每个燃烧器的煤质发生突变和波动，避免炉内燃料分布不均匀，防止制粉系统爆炸、一次风管烧损、燃烧器烧坏、锅炉灭火、结焦、带不起负荷等事故发生。

三、掺烧方式选择的基本原则

① 保证入炉煤煤质的相对稳定，避免煤质大幅度波动，使锅炉燃烧稳定。

② 保证难着火、难燃尽煤种的煤粉细度，提高燃烧经济性。掺烧高挥发分煤种时，严格控制整体挥发分，控制煤粉细度、磨煤机出口风温以及煤粉浓度等。

③ 考虑不同煤种燃烧器的均匀投入，以保证对难着火煤种的火焰支持，确保难着火煤种的着火、燃尽。

④ 综合考虑掺混煤种的着火、燃尽特性，合理进行二次风的分配，保证各煤种氧量的及时补充，确保燃烧效率。

⑤ 对于含硫量高的煤，应通过"炉前掺混"降低入炉煤的硫分，避免出现锅炉或局部锅炉结焦、水冷壁高温腐蚀、尾部受热面低温腐蚀。

⑥ 在混煤掺烧的工业实践中，应根据锅炉、制粉系统、掺混煤种的特点等合理选取混煤掺烧方式。一旦条件发生变化，应改变相应的混煤掺烧方式。

第四章
锅炉燃烧调整技术

第一节 概述

一、燃烧调整的目的和任务

锅炉燃烧工况的好坏，不但直接影响锅炉本身的运行工况和参数变化，而且对整个机组运行的安全性、经济性均有着极大的影响。因此无论是正常运行还是启停过程，均应合理组织燃烧，以确保燃烧工况稳定、良好。锅炉燃烧调整的任务是：①保证锅炉参数稳定在规定范围并产生足够数量的合格蒸汽以满足外界负荷的需要；②保证锅炉运行安全可靠；③尽量减少不完全燃烧热损失，以提高锅炉运行的经济性；④将 NO_x、SO_x 及锅炉各项排放指标控制在允许范围内。

燃烧工况稳定、良好，是保证锅炉安全可靠运行的必要条件。燃烧过程不稳定不但引起蒸汽参数发生波动，而且还将导致未燃尽可燃物在尾部受热面的沉积，以致给尾部烟道带来再燃烧的威胁。炉膛温度过低不但影响燃料的着火和正常燃烧，还容易造成炉膛熄火。炉膛温度过高、燃烧室内火焰充满程度差或火焰中心偏斜等，将引起水冷壁局部结渣，或由于热负荷分布不均匀而使水冷壁和过热器、再热器等受热面的热偏差增大，严重时甚至造成局部管壁超温或过热器爆管事故。

燃烧工况稳定和良好是提高机组运行经济性的可靠保证。只有燃烧稳定了，才能确保锅炉其他运行工况的稳定；只有锅炉运行工况稳定了，才能保持蒸汽的高参数运行。此外，锅炉燃烧工况稳定、良好是采用低氧燃烧的先决条件。采用低氧燃烧对降低排烟热损失，提高锅炉热效率，减少 NO_x 和 SO_x 的生成都是极为有效的。

若要提高燃烧的经济性,就应保持合理的风、粉配合,一、二次风配比,送、吸风配合和适当高的炉膛温度。合理的风、粉配合就是要保持炉膛内最佳的过量空气系数;合理的一、二次风配比就是要保证着火迅速,燃烧完全;合理的送、吸风配合就是要保持适当的炉膛负压。无论是在稳定工况下运行还是在变工况下运行,只要这些配合、比例调节得当,就可以减少燃烧热损失,提高锅炉效率。对于现代火力发电机组,锅炉效率每提高1%,整个机组的效率将提高约0.3%~0.4%,标准煤耗可下降3~4g/(kW·h)。

要达到上述目的,在运行操作时应注意保持适当的燃烧器一、二次风配比,即保持适当的一、二次风出口速度和风率,以建立正常的空气动力场,使风粉均匀混合,保证煤粉易于着火和稳定燃烧。此外,还应优化燃烧器的组合方式和进行各燃烧器负荷的合理分配,加强锅炉风量、燃料量和煤粉细度等的调节,使锅炉始终保持安全经济的状态运行。

锅炉运行中经常碰到的燃烧工况变动是负荷或燃料品质的改变。当发生上述变动时,必须及时调节送入炉膛的燃料量和空气量,使燃烧工况得到相应的加强或减弱。在高负荷运行时,由于炉膛温度高,煤粉着火和风煤混合条件均较好,燃烧一般比较稳定。为了提高锅炉效率,可根据煤质等具体情况,适当降低过量空气系数运行。过量空气系数减小,排烟热损失必然降低,而且由于炉膛温度提高并降低了烟速,煤粉在炉膛内停留的时间相对延长。只要过量空气系数控制适当,不完全燃烧热损失并不会增加,锅炉效率便可得到提高。低负荷时,由于燃烧减弱,投入的煤粉燃烧器可能减少,炉膛温度和热风温度均较低,火焰充满程度差,为了减少不完全燃烧热损失,锅炉风量又往往偏大,使燃烧稳定性、经济性都下降。因此,低负荷时,在风量满足要求的情况下,应适当降低一次风风速使着火点位置提前,并适当降低二次风风速,以增强高温烟气的回流,利于燃料的着火和燃烧;尽量采用多燃烧器、少燃料、燃烧器对称投入均匀分布的方式,以利于火焰间的相互引燃和改善炉膛火焰的充满程度;在燃用低挥发分的煤种时应采用集中火嘴增加煤粉浓度的方式,使炉膛热负荷集中,以利于燃料的点燃。

二、影响燃烧的因素和强化燃烧的措施

1. 影响燃烧的因素

(1) 燃料品质的影响 锅炉燃烧设备是按设计煤种设计的,煤质和特性不同,燃烧器的结构特性也就不同。因此,锅炉正常运行中一般要求燃煤的品质与燃烧设备和运行方式相适应。但在锅炉实际运行中,燃煤品质往往变化较大。由于任何燃烧设备对煤种的适应总有一定的限度,因此燃煤品质的较大变化对燃烧

的稳定性和经济性均产生直接的影响。

燃料中挥发分含量增加,煤粉的着火温度便降低;挥发分含量减少,煤粉的着火温度便相应升高。着火温度升高,着火热就增大,因而燃用挥发分低的煤种时着火就困难,达到着火所需的时间就较长,着火距离就较远。在相同的风粉比条件下,挥发分降低,煤粉火炬中火焰传播的速度将显著降低,从而使火焰扩展条件变差,着火速度减慢,燃烧稳定性降低。对于挥发分很低的无烟煤而言,含氧量较高时较容易着火。此外,挥发分的含量对煤粉的燃尽也有直接的影响。通常燃煤的挥发分含量越高,越容易着火,燃烧过程越稳定,不完全燃烧热损失也就越小。

灰分过高的煤着火速度慢,燃烧稳定性差,而且燃烧时由于灰分容易隔绝可燃物质与氧化剂的接触,因此多灰分的煤燃尽性能也较差。煤的灰分越高,加热灰分造成的热量消耗越多,从而使燃烧温度下降。此外,固态飞灰随烟气流动,会使受热面磨损和堵灰;熔化的灰还会在受热面上结渣,影响各受热面传热比例的变化;燃烧器喷口结渣时,不但影响燃烧器的安全运行,而且还会对炉内燃烧工况产生直接的影响。

水分对燃烧过程的影响主要表现在水分增多不仅导致煤的引燃着火困难,且会延长燃烧过程,降低燃烧室温度,增加不完全燃烧及排烟热损失。因为煤燃烧时,水分蒸发需要吸收热量,所以煤的实际发热量降低,燃烧温度下降。此外,煤的水分过高时还将影响煤粉细度及磨煤机的出力,并造成制粉系统的堵煤或堵粉,严重时甚至引起燃烧异常等故障情况。

(2) 煤粉细度的影响　煤粉越细,表面积越大,在其他条件相同的情况下,加热时温升越快,挥发分的析出、着火及化学反应速率也就越快,因而越容易着火。煤粉细度越小,所需的燃烧时间越短,燃烧也就越完全。

(3) 一次风的风量、风速、风温的影响　正常运行中,减少风粉混合物中一次风的数量,一方面相当于提高了煤粉的浓度,将使煤粉的着火热降低;另一方面在同样高温烟气量的回流下,可使煤粉达到更高的温度,因而可加速着火过程,对煤粉的着火和燃烧有利。但一次风量过低,往往会由于着火初期得不到足够的氧气,使反应速率减慢而不利于着火扩展。一次风量应以能满足挥发分的燃烧为原则。

一次风速过高,将降低煤粉气流的加热程度,使着火点位置推后,容易引起燃烧不稳,且煤粉燃烧也不易完全;特别是降低负荷时,由于炉内温度较低,甚至有可能产生火焰中断或熄火,此时,应设法降低一次风速。但一次风速过低会造成一次风管堵塞,而且着火点位置过于靠前,还可能烧坏喷燃器。一次风温越高,煤粉气流达到着火点所需的热量就越少,着火速度就越快。但一次风温过高，燃用高挥发分的煤种时，往往会由于着火点位置离燃烧器喷口过近而造成结渣或烧坏喷燃器。反之，一次风温过低，则会使煤粉的着火点位置推后，对着火不利。

（4）燃烧器特性的影响　对于同一台锅炉而言，燃烧器出口截面越大，混合物着火结束离开喷口的距离就越远，即火焰相应拉长。小尺寸燃烧器能增大煤粉气流点燃的表面积，使着火速度加快，着火距离缩短，一方面将使炉膛出口温度不致过高，另一方面又能使燃料燃烧完全。直流燃烧器着火区的吸热面积虽较小，但由于能得到炉膛中温度较高烟气的混入和加热，因而在着火条件上还是比较好的。直流燃烧器组织切圆燃烧后期煤粉与空气的混合较充分，而且可根据不同燃料对二次风混入时间的要求，进行结构和布置特性上的设计，以改善燃尽程度。旋流燃烧器着火区的吸热面积大，着火条件好，能独立着火燃烧，特别是在大型锅炉上采用时可有效地解决炉膛出口烟气的偏斜问题，但对煤种的适应性较差。

（5）锅炉负荷的影响　锅炉负荷降低时，炉膛平均温度降低，燃烧器区域的温度也相应降低，对煤粉气流的着火不利。当锅炉负荷降低到一定值时，为了稳定炉火，必须投用油枪进行助燃。无助燃油枪时煤粉能稳定着火和燃烧的锅炉允许最低负荷，与锅炉本身的特性、所燃用的煤种和燃烧器的型式等有关。燃用低挥发分煤种或劣质烟煤时，其最低负荷值要升高；燃用优质烟煤时，其最低负荷值可降低。锅炉全烧煤时的允许最低负荷，应通过燃烧试验来确定。

（6）过量空气系数的影响　炉膛过量空气系数过大，将使炉膛温度降低，对着火和燃烧都不利，而且还将造成锅炉排烟热损失的增加。过量空气系数过小时，又将造成缺氧燃烧，使燃烧不完全。

（7）一次风与二次风配合的影响　一、二次风的混合特性也是影响着火和燃烧的重要因素。二次风在煤粉着火以前过早地混合，对着火是不利的。因为这种过早的混合等于增加了一次风量，将使煤粉气流加热到着火温度的时间延长，着火点位置推后。如果二次风过迟混入，又会使着火后的燃烧缺氧。故二次风的送入应与火焰根部有一定的距离，使煤粉气流先着火，当燃烧过程发展到迫切需要氧气时，再与二次风混合。

（8）燃烧时间的影响　燃烧时间对煤粉燃烧完全程度的影响很大。燃烧时间的长短主要取决于炉膛容积的大小。一般来说，容积越大，则煤粉在炉膛中流动的时间越长。此外，燃烧时间的长短还与火焰充满程度有关。火焰充满程度差，就等于缩小了炉膛容积，使煤粉颗粒在炉膛中停留的时间变短。燃用低挥发分的煤种时，一般应适当加大炉膛容积，以延长燃烧时间。另外，炭粒的燃尽占了燃烧过程的大部分时间和空间，因此尽量缩短着火阶段可以增加燃尽阶段的时间和空间，有利于炭粒的燃尽。

2. 良好燃烧的必要条件

综上所述，影响燃烧的因素很多，而好的燃烧，必须具备以下条件：

① 供给完全燃烧所必需的空气量。

② 维持适当高的炉膛温度。

③ 空气与燃料具有良好的混合。

④ 有足够的燃烧时间。

3. 强化煤粉燃烧的措施

根据影响着火和燃烧因素的分析，强化煤粉燃烧，一般可采取如下措施：

① 提高热风温度。

② 保持合适的空气量，根据煤种，控制合理的一次风量。

③ 选择适当的气流速度，以保证适当的着火点位置。

④ 根据燃烧过程的发展，及时送入二次风，既不使燃烧缺氧，又不降低火焰温度。

⑤ 保持着火区的高温，加强气流中高温烟气的卷吸。

⑥ 选择适当的煤粉细度。

⑦ 维持远离燃烧器的火炬尾部具有足够高的温度，以增强燃尽阶段的燃烧程度。

三、负荷与煤质变化时的燃烧调整原则

1. 不同负荷下的燃烧调整

锅炉运行中负荷的变化是最经常的。高负荷运行时，由于炉温高，着火与混合条件也好，因此燃烧一般是稳定的，但易产生炉膛和燃烧器结焦，过热器、再热器局部超温等问题。燃烧调整时应注意将火球位置居中，避免火焰偏斜；燃烧器全部投入并均匀分配燃烧率，防止局部过大的热负荷；适当增大一次风速，拉长着火点位置离喷口的距离。另外，高负荷时煤粉在炉内的停留时间较短而排烟热损失较大，为此可在条件允许的情况下，适当降低过量空气系数运行，以提高锅炉效率。

在低负荷运行时，由于燃烧减弱，投入的燃烧器数量少，因此炉温较低，火焰充满度较差，使燃烧不稳定，经济性也较差。为稳定着火，可适当增大过量空气系数，降低一次风率和一次风速，增大煤粉细度。但过度增大炉内氧量会降低燃烧器区域温度，因此当煤质差时也应限制其高限。低负荷时应尽可能集中火嘴运行，提高一次风中的煤粉浓度，并保证最下排燃烧器的投运。为提高炉膛温

度，可适当降低炉膛负压，以减少漏风，这样不但能稳定燃烧，也能减少不完全燃烧热损失。但此时必须注意安全，防止炉膛喷火烧伤人。此外，低负荷时保持较大的过量空气系数对抑制锅炉效率的过分降低也是有利的。

2. 煤质变化时的燃烧调整

(1) 无烟煤 无烟煤是挥发分最低的煤种，它的可燃基挥发分在10%以下，而固定碳较高，因此不易着火和燃尽。在燃烧无烟煤时，为保证着火，必须保持较高的炉膛温度，一次风量、一次风速应低些。但一次风速不能过低，否则气流刚性差、卷吸力量小，严重时反而不利于着火和燃烧，同时还有可能造成一次风管内气粉分离甚至堵塞。二次风速应高些，二次风速较高有利于穿透，不仅能使空气与煤粉充分混合，并能避免二次风过早混入一次风，影响着火。各组二次风门的开度可采用倒宝塔形，即上二次风门的开度大，中二次风门较小，下层二次风门最小。这是因为在燃烧器区，随烟气向上运动，烟速逐渐增大，易使上二次风射流上翘，开大上二次风门，且提高上二次风速，对混合有利。下二次风关小，可以提高炉膛下部温度，对着火引燃有利，但风速应以能托住煤粉为原则。此外，煤粉细度应适当控制得小些，一般 R_{90} 可在8%～10%，并应提高磨煤机出口温度，这样对着火和燃烧有利。贫煤的挥发分含量为10%～12%，其着火性能比无烟煤要好些。

(2) 烟煤 通常烟煤的挥发分和发热量都较高，灰分较少，容易着火燃烧，因而一次风量和风速应高些。二次风速可适当降低，使二次风混入一次风的时间提前，将着火点位置推后，以免结渣或烧坏喷燃器。燃烧器最上层和最下层的二次风门开度大些较好。这是因为最上层二次风除供给上排煤粉燃烧所需的空气外，还可以补充炉膛中未燃尽的煤粉继续燃烧所需要的空气。另外还可以起到压住火焰中心的作用。最下层二次风能把分离出来的煤粉托起继续燃烧，减少机械不完全燃烧热损失。

(3) 劣质烟煤 劣质烟煤是水分多、灰分多、发热量低的烟煤。这种煤虽然挥发分较高，但是由于灰分高，水分又多，燃用时，将使炉膛温度降低，而且其挥发分被包围不易析出，所以这种煤着火比较困难，着火后燃烧也不易稳定。由于灰分的包围，煤粉也难燃尽，燃烧效果不好，同时因为灰分多，炉内磨损、结渣等问题较为突出。总之，燃用劣质烟煤，必须解决着火困难、燃烧效果差、磨损结渣等问题。燃用劣质烟煤的配风方式与燃用无烟煤相似，一次风率与一次风速应低些，二次风速可高些。一般一次风率为20%～25%，一次风速为20～25m/s，二次风速为40～50m/s。

(4) 褐煤 褐煤是发热量低、水分多、挥发分高、灰熔点低的劣质煤。由于褐煤的水分多，其干燥就比较困难，并使炉内烟气量增大，烟气流速增高，加上灰分多，因而极易造成受热面的严重磨损。褐煤灰熔点低，在炉内容易结渣。燃用褐煤时的配风原则与燃用烟煤时基本相同。但一次风量、一次风速和二次风速的数值，一般要比燃用烟煤时高一些。

第二节　燃料量与风量的调节

一、燃料量的调节

1. 配中间仓储式制粉系统锅炉的燃煤量调节

中间仓储式制粉系统的特点之一是制粉系统出力的大小与锅炉负荷不存在直接的关系。当负荷变化时，所需燃料量的调节可以通过改变给粉机的转速和燃烧器投入的数量来实现。

对于具有中储式制粉系统的锅炉，主要是通过改变给粉量的大小来适应负荷的变化。当负荷变化不大时，可通过改变运行中给粉机的转速，从而改变给粉量的大小来解决。同时需相应改变风量来配套给粉量的改变，维持正常燃烧所需的氧量。当负荷变化较大时，单靠改变运行中给粉机的转速已不能满足负荷变化的需要，此时可投、停给粉机。在投、停给粉机时，应配套进行风量调整。给粉机投、停的原则为停上投下、对角运行、不得缺角运行，维持合适的给粉机转速，不得过低或过高。

2. 配直吹式制粉系统锅炉的燃煤量调节

具有直吹式制粉系统的煤粉炉，一般都装有数台磨煤机，也就是具有几个独立的制粉系统。由于直吹式制粉系统无中间煤粉仓，它的出力大小将直接影响锅炉的热负荷。

当锅炉负荷变动不大时，可通过调节运行中制粉系统的出力来解决。当锅炉负荷增大，要求制粉系统出力增大时，应先增加磨煤机内的存粉作为增负荷开始时的缓冲调节，然后再增加给煤量，同时应开大二次风门。反之，当锅炉负荷降低时，应减少给煤量、磨煤机通风量以及二次风量。

当负荷有较大的变动时，则需通过启动或停用制粉系统方能满足对燃料量改变的需要。其原则是一方面应使磨煤机在合适的负荷下运行，另一方面则要求燃烧器在新的组合方式下能保证燃烧工况良好，火焰分布均匀，以防止热负荷过于集中造成水冷壁运行工况恶化。在启动或停用制粉系统时，应及时调整一次风、二次风以及炉膛压力，其他燃烧器的负荷，保持燃烧稳定和防止负荷的骤增或骤减。

总之，对具有直吹式制粉系统的锅炉燃料量的调节，基本上都是通过改变给煤量来实现的。在调节给煤量的风门开度时，应注意挡板开度指示、风压变化情况以及各电动机的电流变化，防止发生堵管或超电流等异常情况。

二、氧量控制与送风量的调节

1. 炉膛氧量的控制

炉内实际送入的空气量与理论空气量之比称为过量空气系数，记为 α。锅炉燃烧中都用 α 来表示送入炉膛空气量的多少。α 与烟气中的氧量之间的近似关系为

$$\alpha = \frac{21}{21-O_2} \tag{4-1}$$

由式（4-1）可知，过量空气系数的数值可以通过烟气中的氧量来间接地了解，依据氧量的指示值可控制过量空气系数，例如对应氧量 3.5% 的过量空气系数值是 1.2。对 α 监督控制的要求主要从锅炉运行的经济性和可靠性两个方面加以考虑。

从运行经济性分析，在 α 变化的一定范围内，随着炉内送风的增加（α 增大），由于供氧充分、炉内气流混合扰动好，燃烧热损失逐渐减小；但同时排烟温度和排烟量增大，因而又使排烟热损失相应增加。使上述两项损失之和达到最小的 α 称为最佳过量空气系数，记为 α_{zj}。运行中若按 α_{zj} 对应的空气量向炉内供风，可以使锅炉效率达到最高。

在一台确定的锅炉中，α_{zj} 的大小与锅炉负荷、燃料性质、配风工况等有关。锅炉负荷越高，所需的 α_{zj} 值越小，一般负荷在 75% 以上时，α_{zj} 无明显变化，但当负荷很低时，由于形成炉内旋转切圆有最低风量的要求，因此 α_{zj} 升高；煤质差或煤粉较粗时，着火、燃尽困难，需要较大的 α 值，并且由于机械不完全燃烧热损失与排烟热损失的比例上升，也使 α_{zj} 升高。若燃烧器不能做到均匀配风、粉，则锅炉效率降低，但其 α_{zj} 值增大。通过燃烧调整试验可以确定锅炉在不同负荷、燃用不同煤质时的最佳过量空气系数。对于一般的煤粉锅炉，额定负荷下的 α_{zj} 值为 1.15～1.2。若没有锅炉其他缺陷或条件的限制，即应按 α_{zj} 所对应的氧量值控制锅炉的送风量。表 4-1 中列出了部分 300～1000MW 级锅炉运行氧量值的范围。

从锅炉运行的可靠性来看，若炉内 α 值过小，煤粉在缺氧状态下燃烧会产生还原性气氛，烟气中的 CO 气体浓度和 H_2S 气体浓度升高，这将导致煤灰的熔点降低，易引起水冷壁结焦和管子高温腐蚀。锅炉低负荷投油稳燃阶段，如果风量不足，使油雾难以燃尽，随烟气流动至尾部烟道和受热面上发生沉积，可能会导

致二次燃烧事故。若 α 值过大，由于烟气中的过剩氧量增多，将与烟气中的 SO_2 进一步反应生成更多的 SO_3 和 H_2SO_4 蒸气使烟气露点升高，加剧低温腐蚀。尤其是燃用高硫煤种时，更应注意这一点。

表 4-1 国内 300~1000MW 级锅炉运行氧量值的控制范围

电厂锅炉	100%MCR	80%MCR	60%MCR	50%MCR	30%MCR
SH 二电厂 1 号炉（500MW）	4.6	5.4	7.0		
SHD 二厂 1、2 号炉（600MW）	(1.2)	(1.2)		(1.35)	(1.6)
ZX 电厂 1~4 号炉（300MW）	4.3	5.8	6.4	6.9	
HL 电厂 5、6 号炉（660MW）	3.5~3.7	4.0	5.0	6.5~7.0	

注：括号内数据为过量空气系数值。

2. 炉膛氧量的监督

过量空气系数的大小可以根据烟气中的氧含量来衡量。因此，任何大型锅炉都装有氧量计，且根据其指示值来控制送入炉内空气量的多少。

在相同数量的炉内送风情况下，氧量（或 α）的值沿烟气流动方向是变化的。通常认为煤粉的燃烧过程在炉膛出口就已经结束，因此，真正需要控制的 α 应该是对于炉膛出口的 α''_1。但由于炉膛出口烟气温度太高，氧量计无法正常工作，因此，大型锅炉的氧量测点一般安装在空气预热器的入口烟道内。如果存在烟道漏风，这里的氧量与炉膛出口的氧量会有一定偏差，应按式（4-2）做出修正。

$$\alpha''_1 = \alpha'_{ky} - \sum \Delta \alpha_{l-ky} \tag{4-2}$$

式中　α''_1——炉膛出口过量空气系数；

　　　α'_{ky}——空气预热器进口过量空气系数；

　　　$\sum \Delta \alpha_{l-ky}$——炉膛出口至空气预热器进口烟道各漏风系数之和。

氧量监督的另一个问题是表盘氧量与真实氧量的偏差。用烟道网格法标定可以得到运行氧量的真实值。由于烟气中水容积的存在，表盘氧量高出真实氧量 0.1%~0.2% 是正常的。但若超出此范围，则需要对表盘值做出修正，以避免按虚高（或虚低）的氧量控制最佳过量空气系数。有条件的电厂都应进行类似的标定。

3. 送风量的调节

进入炉内的总风量主要是有组织的燃烧风量（一次风、辅助风、燃料风、燃尽风，有时还有三次风），其次是制粉系统掺入的冷风和少量的炉膛漏风。当锅炉负荷发生变化时，伴随着燃料量的改变，必须对送风量进行相应的调节。

送风量调节的依据是炉膛出口过量空气系数。一般按最佳过量空气系数调节风量，以取得最高锅炉效率。锅炉氧量定值是锅炉负荷的函数。运行人员通过氧量偏置对其进行修正，以便在某一负荷下改变氧量。氧量加偏置后，送风机自动增、减风量以维持新的氧量值。

一般情况下，增负荷时应先增加风量，再增加燃料量；减负荷时应先减少燃料量，再减少风量。这样动态中可始终保持总风量大于总燃料量，确保锅炉燃烧安全和避免燃烧热损失过大。对于调峰机组，若负荷增加幅度较大或增负荷较快时，为了保持蒸汽压力不致很快下降，也可先增加燃料量，然后再紧接着增加送风量。低负荷情况下，由于炉膛内过量空气相对较多，因而在增加负荷时也允许先增加燃料量，然后再增加风量。近代锅炉的燃烧风量控制系统多用交叉限制回路，如图 4-1 所示。在机组增负荷时，锅炉负荷指令同时加到燃料控制通道和风量控制通道，由于小值选择器的作用，在原总风量未变化前，小选器输出仍为原锅炉煤量指令，只有当总风量增大后，锅炉煤量指令才随之增大；减负荷时，由于大值选择器的作用，只有燃料量（或热量信号）减小，风量控制系统才开始动作。煤量通道由 AF 给出煤量上限，用风挡住煤，不使煤量过大；风量通道由 TF 给出风量下限，用煤挡住风，不使风量过小。当负荷低于 30%MCR 时，大选器使风量保持在 30%不变，以维持燃烧所需的最低风量。

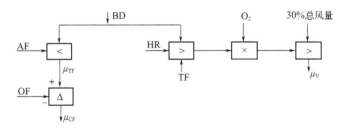

图 4-1 风煤交叉限制原理

BD—锅炉负荷指令；μ_{TF}，μ_{CF}，μ_V—总燃料量指令、总煤量指令、总风量指令；
AF，OF，TF，HR—总风量、燃油量、总燃料量、热量信号；O_2—氧量校正

三、炉膛负压监督与引风量的调节

1. 炉膛负压监督

炉膛压力是反映燃烧工况稳定与否的重要参数。炉内燃烧工况一旦发生变化，炉膛压力将迅速发生相应改变。当锅炉的燃烧系统发生故障或异常情况时，最先在炉膛压力的变化上反映出来，而后才是蒸汽参数的一系列变化。因此监视和控制炉膛压力，对保证炉内燃烧工况的稳定具有极其重要的意义。

炉膛负压过大，会增加炉膛和烟道的漏风，当锅炉在低负荷或燃烧工况不稳的情况下运行时，便有可能由于漏入冷风而造成燃烧恶化，甚至发生锅炉灭火。

反之，若炉膛压力偏正，高温火焰及烟灰有可能外喷，不但影响环境卫生，还将造成设备损坏或引起人身事故。运行中引起炉膛负压波动的主要原因是燃烧工况的变化。为了使炉内燃烧能连续进行，必须不间断地向炉膛供给所需空气，并将燃烧后生成的烟气及时排走。在燃烧产生烟气及其排出的过程中，如果排出炉膛的烟气量等于燃烧产生的烟气量，则进、出炉膛的物质保持平衡，炉膛负压就相对保持不变。若上述平衡遭到破坏，则炉膛负压就要发生变化。例如在吸风量未变时，增加送风量就会使炉膛出现正压。

运行中即使送、吸风保持不变，由于燃烧工况总有小的变化，炉膛压力总是脉动的。当燃烧不稳时，炉膛压力将产生强烈的脉动，炉膛风压表相应做大幅度的剧烈晃动。运行经验表明，当炉膛压力发生剧烈脉动时，往往是灭火的预兆，这时必须加强监视和检查炉内的燃烧工况，分析原因，并及时进行调整和处理。

烟气流动时产生的阻力大小与阻力系数、烟气密度成正比，并与烟气流速的平方成正比。因此，当锅炉负荷、燃料量和风量发生改变时，随着烟气流速的改变，烟道内各处的负压也会相应改变。故在不同负荷下，锅炉各部分烟道内的烟气压力是不同的。锅炉负荷增加，烟道各部分负压也相应增大；反之，各部分负压相应降低。当受热面管束结渣、积灰以至局部堵塞时，由于烟气流通截面减小，烟气流速增大，因此烟气流经该部分管束产生的阻力较正常为大，于是出口负压值及其压差就相应增大。

在正常情况下，炉膛负压和各部分烟道的负压都有大致的变化范围，因此运行中如发现数值上有不正常的变化时，应进行全面分析，查明原因，以便及时处理。炉膛压力，通常是通过改变吸风机的出力来调节的。吸风机的风量调节方法和要求与送风机基本相同，吸风机的安全运行方式应根据锅炉负荷的大小和风机的工作特性来考虑。为了保证人身安全，当运行人员进行除灰、吹灰、清理焦渣或观察炉内燃烧情况时，炉膛压力应保持在较正常时低一些（即炉膛负压应高一些）。

确定炉膛负压的控制值时应考虑负压测点的位置。大容量锅炉的负压测点通常装在炉上部的大屏下方。在炉膛的不同高度上负压是不相同的，位置越高负压值（指绝对值）越小。为使炉顶不冒烟灰，炉膛下部必须存在较大的负压值，且负荷越高（小），环境越冷（大），上、下负压的差值越大。由此可见，为维持相同的炉内负压状况，当负压测点较高时，负压值应控制得小些，以确保炉膛下部的燃烧器区域不致有过大负压；当负压测点较低时，负压值则可控制得适当高些。

2. 引风量的调节

当锅炉增、减负荷时，随着进入炉内的燃料量和风量改变，燃烧后产生的烟气量也随之改变。此时，若不相应调节引风量，则炉内负压将发生不能允许的变化。引风量的调节方法与送风量的调节方法基本相同。对于离心式风机，改变引风机进口导向挡板的开度进行调节；对于轴流式风机，则改变风机动叶（或静叶）安装角的方法进行调节。大型锅炉装有两台引风机。与送风机一样，调节引风量时需根据负荷大小和风机的工作特性来考虑引风机运行方式的合理性。

当锅炉负荷变化需要进行风量调节时，为避免炉膛出现正压，在增加负荷时应先增加引风量，然后再增加送风量和燃料量；减少负荷时则应先减少燃料量和送风量，然后再减少引风量。

对于多数大型锅炉的燃烧系统，炉膛负压的调节也通过炉膛与风箱间的压差而影响到二次风量（辅助风挡板用炉膛与风箱间的压差控制）、燃烧器出口的风煤比以及着火的稳定性，因此，有一定调节速度的限制，不可操之过急。

第三节 燃烧器的调节及运行方式

一、燃烧器的分类及特性

电厂锅炉煤粉燃烧器的型式很多。根据燃烧器出口气流特征，煤粉燃烧器可分为直流燃烧器和旋流燃烧器两大类。出口气流为直流射流或直流射流组的燃烧器称为直流燃烧器；出口气流包含有旋转射流的燃烧器称旋流燃烧器，此燃烧器的出口气流可以是几个同轴旋转射流的组合，也可以是旋转射流和直流射流的组合。

1. 旋流煤粉燃烧器

（1）旋流射流的特点　旋流燃烧器主要是利用强烈的旋转气流产生强大的高温回流区，把远处的火焰吸到燃烧器的根部强化燃料的着火、混合及燃烧。这类燃烧器的燃烧取决于回流区的大小，回流区对风粉的着火和燃烧影响较大。另外，旋流燃烧器的射程和旋流强度决定其工作性能。旋流燃烧器有以下特点：

① 燃烧器的出口附近形成和主气流流动方向相反的回流运动，因而在旋流射流的内部会形成一个回流区——内回流区，如图 4-2 所示。这是旋流射流的主要特点。

② 由于和周围介质进行强烈的湍流交换，沿射流的运动方向切向速度衰减，即旋转效应衰减很快。旋转射流中轴向速度的衰减比切向速度慢些，但远比直流射流快。在同样的初始动量下，旋转射流的射程要比直流射流短。

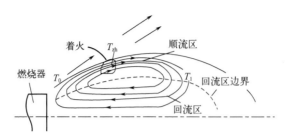

图 4-2 煤粉气流在回流区内的着火
T_0—煤粉气流初温；T_{zh}—着火温度；T_1—火焰温度

③ 旋转射流的扩展角一般比直流射流大，而且随着旋转强度的增大而增大。随着旋转强度的变化，旋转射流有三种不同的流动状态。图 4-3 为旋流燃烧器中常见的环形旋转射流的流动状态。

当出口气流的旋转强度小于一定数值时，射流中不可能产生内回流区，如图 4-3(a) 所示。没有内部回流流动的旋转射流叫弱旋转射流。此时整个旋转射流呈封闭状态，故又称为封闭气流。弱旋转射流的流动特性接近于直流射流。旋转强度 n 增大到一定数值以后，在轴向反向压力梯度的作用下，在靠近射流出口的中心区形成一个轴向内回流区。此回流区的尺寸和回流量均随旋转强度增大而增大。内回流对煤粉射流的着火和燃烧有极重要的作用。这是因为内回流将高温烟气抽吸到射流的根部，可使煤粉气流稳定着火。这种流动状态称为开放式旋转射流，如图 4-3(b) 所示。锅炉燃烧设备中，从旋流燃烧器出来的旋转射流大多属于这种流动状态。再继续增大旋转强度，由于射流湍流度增大，射流外边界卷吸能力增强。当周围环境补气条件较差时，气流外边界的压力可能低于射流中心的压力。在内外压力差的作用下，射流就向周围扩展，形成全扩散式旋转射流，如图 4-3(c) 所示。锅炉燃烧技术中，把这种流动状态称为"飞边"。飞边会使火焰贴墙，造成炉墙或水冷壁结渣。

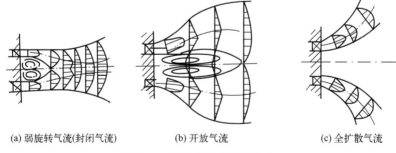

(a) 弱旋转气流(封闭气流)　　(b) 开放气流　　(c) 全扩散气流

图 4-3 旋转射流的流动状态

（2）旋流燃烧器的型式　旋流煤粉燃烧器是利用旋流器使气流产生旋转运动的。旋流燃烧器中所用的旋流器主要有蜗壳、轴向叶片及切向叶片等，如图 4-4 所示。

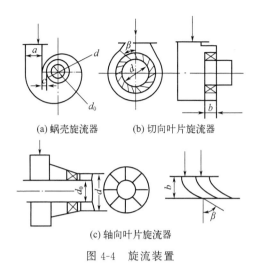

图 4-4 旋流装置

旋流煤粉燃烧器是根据旋流器的类型来命名的。按照产生旋转气流的方法，常见的旋流燃烧器可分为蜗壳型和叶片型两大类。前者选用蜗壳作旋流器，故称为蜗壳型旋流燃烧器；后者用叶片作旋流器，故称为叶片型旋流燃烧器。

（3）旋流燃烧器的布置　旋流燃烧器常采用的布置方式有前墙、两面墙、炉底和炉顶布置等，如图 4-5 所示。国内固态排渣煤粉炉采用旋流燃烧器时，大多数是前墙或两面墙布置，如图 4-5（a）和（b）所示。前墙或两面墙布置时，炉内燃烧形成 L 形火焰。图 4-5（e）所示的燃烧器炉顶布置形成 U 形火焰。顶部

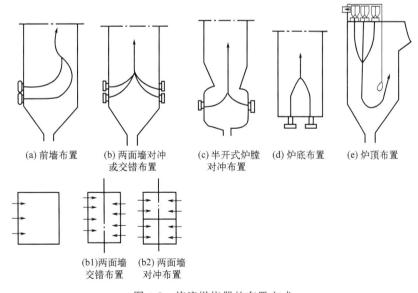

图 4-5 旋流燃烧器的布置方式

布置时引向炉顶燃烧器的煤粉管道特别长，故很少应用。图 4-5（d）所示的燃烧器炉底布置则只有在少数燃油锅炉或燃气锅炉中采用。

采用旋流煤粉燃烧器的锅炉，当容量较大时，也可以将燃烧器布置在两侧墙或前后墙上。它们又可分为对冲布置和交错相对布置，如图 4-5（b1）和（b2）所示。当燃烧器对冲布置时，两方火炬在炉室中央相互撞击，气流的大部分向炉室上方运动，只有少部分气流下冲到冷灰斗内，并在其中形成死滞旋涡区。当燃烧器交错布置时，由于炽热的火炬相互穿插，使得炉膛上部的死滞旋涡区基本消失，这就改善了炉内火焰混合充满的程度。

两侧墙和前后墙布置的缺点是风、粉管道的布置比较复杂，锅炉低负荷运行或切换磨煤机停用部分燃烧器时，沿炉膛宽度方向容易产生温度不均匀。另外，不布置燃烧器的两面墙，其水冷壁中部热负荷偏高，易引起结渣。

2. 直流煤粉燃烧器

（1）直流射流的特点　煤粉气流以一定速度，从直流燃烧器的喷口直接射入炽热烟气的炉膛。由于炉膛相对很大，而且气流从喷口射出后一般都处于湍流状态，因此，可认为从单个喷口射出的煤粉气流是直流湍流自由射流。直流湍流自由射流的特性如图 4-6 所示。由图可知，射流刚从喷口喷出时，在整个截面上流速均匀并等于初速 w_0。射流离开喷口后，周围静止的气流被卷吸到射流中随射流一起运动，射流的截面逐渐扩大，流量增加，而其流速却逐渐衰减。在射流中心尚未被周围气体混入的地方仍然保持初速 w_0，这个保持初速 w_0 的三角形区域称为等速核心区。在喷口出口处与等速核心区结束点所在的截面之间的区段称为射流的初始段。射流初始段以后的区段称为射流主体段或基本段。射流主体段内轴线上的流速是低于初速 w_0 的，并沿着流动方向逐渐衰减。

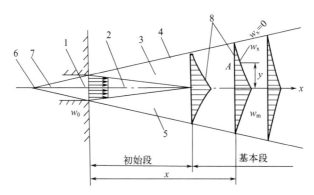

图 4-6　等温自由射流的结构特性及速度分布

1—喷口；2—射流等速核心区；3—射流边界层；4—射流的外边界；5—射流的内边界；
6—射流源点；7—扩展角；8—速度分布

直流射流只有轴向速度和径向速度，是不旋转的。直流射流的射程比旋转射流长。射程与喷口尺寸和射流初速有关。喷口尺寸越大，初速越高，即初始动量越大，射程越长。射程长表示射流衰减慢，在烟气介质中贯穿能力强，对后期混合有利。显然，集中大喷口，射流的射程比分散的多个小喷口长。射流卷吸烟气的能力直接影响燃料的着火过程。当喷口流通截面不变时，将一个大喷口分成多个小喷口，由于射流周界面增大，卷吸烟气量也增加。矩形截面的喷口，当初速与喷口流通面积不变时，随喷口高宽比的增大，射流周界面增大，卷吸能力也增强。射流卷吸周围烟气后流量增加，流速自然会衰减下来。卷吸能力越强，速度衰减越快，射程就越短。炉膛并非无限大的空间，在炉内微小的扰动也会导致射流偏离原有轴线方向。射流抗偏转的能力称为射流的刚性。射流的动量越大，刚性越大，越不易偏转。矩形截面的喷口，喷口的高宽比越小，刚性越大。在炉内几股射流平行或交叉时，一般是刚性大的射流吸引刚性小的射流，并使其偏转。

（2）直流射流的型式　直流煤粉燃烧器的出口由一组圆形、矩形或多边的喷口组成。一次风煤粉气流、燃烧所需的二次风以及中间仓储式制粉系统热风送粉时的乏气分别由不同喷口以直流射流形式喷进炉膛。燃烧器喷口之间通常保持一定距离，整个燃烧器呈狭长形。喷口射出的直流射流多为水平方向，也有的向上或向下倾斜某一角度。有的直流燃烧器的喷口可以在运行时上下摆动一定角度。根据燃烧器中一、二次风喷口的布置情况，直流煤粉燃烧器大致可分为均等配风和分级配风两种型式，如图4-7和图4-8所示。

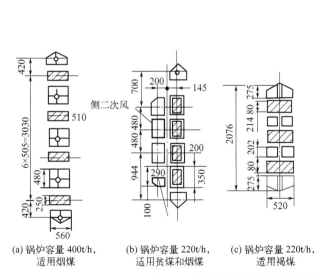
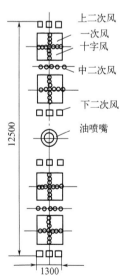

图4-7　均等配风直流煤粉燃烧器

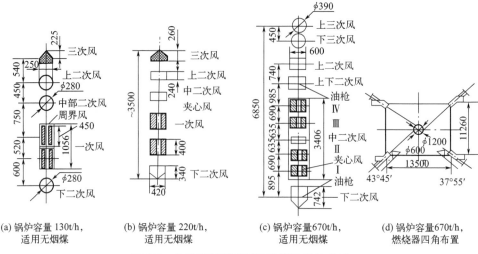

(a) 锅炉容量 130t/h,　(b) 锅炉容量 220t/h,　(c) 锅炉容量 670t/h,　(d) 锅炉容量 670t/h,
适用无烟煤　　　　适用无烟煤　　　　适用无烟煤　　　　燃烧器四角布置

图 4-8　分级配风直流煤粉燃烧器喷口布置

（3）直流燃烧器的布置　直流燃烧器布置在炉膛的位置不同，可形成不同的燃烧方式。直流燃烧器布置在炉膛的四角，其出口气流的集合轴线射向炉膛中心的一个假想切圆，称为切向燃烧方式，如图 4-9（a）所示。当直流燃烧器布置在炉膛顶部或炉膛中部的拱形部分时，则形成 U 形火焰 ［图 4-9（b）］ 或 W 形火焰 ［图 4-9（c）］ 等燃烧方式。

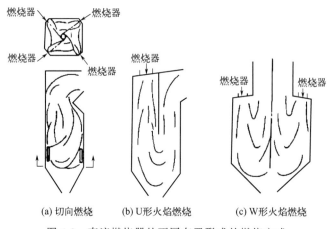

(a) 切向燃烧　　(b) U形火焰燃烧　　(c) W形火焰燃烧

图 4-9　直流燃烧器的不同布置形成的燃烧方式

二、切向燃烧直流燃烧器的燃烧调整

1. 燃烧器出口风率、风速的调整

（1）一次风的调整　在一定的总风量下，燃烧器保持适当的一、二次风出口风速是建立良好的炉内工况和稳定燃烧所必需的。通常用一次风率来表示一次风量的大小，它是指一次风量占锅炉总风量的百分数。燃烧器的一次风率和着火过程密切相关。一次风率越大，为达到煤粉气流着火所需吸收的热量越大，达到着火所需的时间也越长。同时，煤粉浓度也因一次风率增大而降低。这对挥发分含量低或难以燃烧的煤是很不利的，当一次风温低时尤其如此。但一次风率太小，燃烧之初可能氧量不足，挥发分析出时不能完全燃烧，也会影响着火速度和产生燃烧热损失。从燃烧考虑，一次风率的大小原则上只要能满足燃尽挥发分的需要就可以了。近年来发现，一次风率过大，还会增加炉内燃烧的 NO_x 排放。一次风速对燃烧器的出口烟气温度和气流的偏转产生影响。若一次风速过大，着火距离拖长，燃烧器出口附近烟气温度低，使着火困难。此外，一次风中的较大颗粒可能因其动能大而穿过激烈燃烧区不能燃尽，使未完全燃烧热损失增大。对于直吹式制粉系统，一次风速还会影响煤粉细度。一次风速过大会造成煤粉变粗，致使着火推迟，飞灰可燃物增大。但一次风速也不宜太低，否则气流孱弱而无刚性，很易偏转和贴墙，且卷吸高温烟气的能力也差。对于低挥发分的煤，影响着火和燃烧；对于高反应能力的煤，着火可能太靠近燃烧器，引起喷嘴烧损。此外，一次风速过低时煤粉管容易堵塞。

国内大型锅炉直流燃烧器设计推荐的一次风率和风速见表 4-2。表 4-2 中的数值对应于 100%BMCR。由表可知，合适的一次风率、一次风速与煤质和制粉系统的形式有关。当燃用低反应能力的煤或在乏气送粉系统工作时，一次风率、风速取得低些较为合适；当燃用高挥发分、易着火的煤或在热风送粉系统工作时，则应取较高些的一次风率和一次风速。

表 4-2　大型锅炉直流燃烧器设计推荐的一次风率和一次风速

项目		无烟煤	贫煤	烟煤	褐煤
一次风率 r_1/%	直吹式系统	14~20	18~25	20~35	25~40
	中储式系统	12~18	15~20	18~25	—
一次风速 w_1/(m/s)		18~22	20~25	26~32	18~25

注：对于易结渣的煤，w_1 取上限。挥发分低时，r_1 偏下限；挥发分高（或乏气送粉）时，r_1 偏上限。热风送粉时，w_1 偏上限；乏气送粉时，w_1 偏下限。

调节一次风速的方式取决于制粉系统的形式。对于直吹式制粉系统，一次风率由磨煤机入口前的总一次风量挡板调节。当给煤量变化时，一次风量挡板根据给煤机的转速信号，按照一定的数学关系改变其开度。有的系统为减小挡板阻力，利用热风挡板与冷风挡板的同向联动调节一次风量，反向联动调节磨煤机出口温度，省去了磨煤机入口前的总一次风量挡板。通常一次风母管压力按一次风母管/炉膛压差的测量值控制，而其设定值则为锅炉总煤量的函数，如图 4-10 所示。

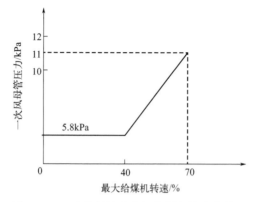

图 4-10　一次风母管压力与给煤机转速的关系

对于中间仓储式制粉系统，通常保持各煤粉管上节流圈（缩孔）的开度不变，而以一次风母管压力的变化适应负荷要求。对于乏气送粉系统，如图 4-11（a）所示，由排粉机入口挡板 2 调节钢球磨煤机的总通风量（不轻易调整），由再循环风门 3 调节一次风母管压力，即一次风量。再循环风门开大则一次风母管压力降低，一次风量、风速降低，反之亦然。当磨煤机停用而对应燃烧器运行时，排粉机入口挡板关闭，一次风母管压力由近路热风门 6 调节。对于热风送粉系统，如图 4-11（b）所示，热一次风母管压力与磨煤机风量无关，由热一次风母管上的热风挡板 8 调节。

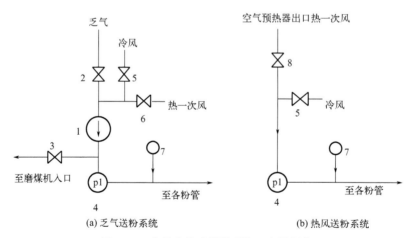

图 4-11　中间仓储式制粉系统一次风调节

1—排粉风机；2—排粉风机入口挡板；3—乏气再循环调节门；4—一次风母管；5—冷风门；
6—近路热风门；7—给粉机；8—热风门

运行中一次风率、风速主要取决于一次风母管压力和一次风门开度。但其还与各燃烧器的给粉量有关。当增加某个燃烧器的给粉量时，该管一次风量将下降;反之,则该管一次风量升高。当一次风压过高时,由于风粉混合器内的静压托粉作用,极易发生给粉不均、断粉现象。中储式制粉系统一次风率随负荷变化的关系与直吹式制粉系统相同。

除一次风速外,总的一次风率还与燃烧器的投停数目有关。维持一次风速相同,借助增减给粉机数量(中储式系统)或磨煤机台数(直吹式),可提高或降低一次风率。

(2) 辅助风的调整　辅助风的作用是扰动混合和在煤粉着火后补充氧气,而且它的动量足以穿透到一次风粉内部。其风率、风速以及配风方式都对燃烧影响重大。辅助风的风率和风速要比一次风大得多,占二次风总量的65%左右,是各角燃烧器出口气流动量最主要的部分。

一、二次风动量比是影响炉膛空气动力结构的重要指标,其过小或者过大都对燃烧有不利的影响。辅助风在各层燃烧器的分配方式一般为四种:上中下均匀分配(均匀型)、上大下小(倒宝塔型)、中间小两头大(缩腰型)、上小下大(正宝塔型)。例如,兴能电厂燃用山西烟煤,采用均匀型的配风方式。此种方式煤粉与辅助风混合及补氧非常及时。

目前锅炉辅助风量的控制普遍采用炉膛-风箱压差控制方式。总风量由燃料量信号以及氧量修正信号改变送风机入口动叶来控制,辅助风门开度调节炉膛-风箱压差。运行中各层磨煤机的出力可能各不相同,且需要不同的配风,因此每层辅助风门有一个操作员偏置站。在总风量不变的情况下,当关小某一层辅助风挡板时,该层风量减小。同时其余各辅助风挡板自动开大,以此维持炉膛-风箱压差恒定。

炉膛-风箱压差的定值取为负荷的函数。这种方式当一次风率变动后,二次风率将自动随之变化。通过加偏置可改变炉膛-风箱压差与负荷的对应关系,如图4-12所示。而炉膛-风箱压差的变化会使辅助风、燃料风、燃尽风之间的风量分配比例

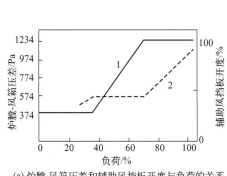
(a) 炉膛-风箱压差和辅助风挡板开度与负荷的关系

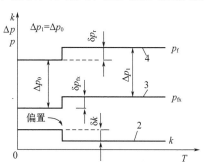
(b) 定负荷下改变偏置对炉膛-风箱压差的影响

图 4-12　辅助风挡板开度特性

1—炉膛-风箱压差;2—辅助风挡板开度;3—大风箱风压;4—送风机总风压

发生改变,从而有可能影响锅炉燃烧。如在不变负荷下增大炉膛-风箱压差,各辅助风门同步关小,辅助风量减小而燃尽风量和燃料风量增大,与停用燃烧器相邻二次风口的冷却风量也会增大。总的二次风量仍按氧量控制。

(3) 燃尽风的调整　燃尽风包括分离燃尽风 SOFA 和紧凑燃尽风 CCOFA。锅炉设计燃尽风的目的是遏制 NO_x、SO_3 的生成。SOFA 和 CCOFA 都可以降低主燃烧器区的过量空气系数,实现分级燃烧,但由于 SOFA 远离一次风粉喷口,因此其对 NO_x 的控制作用和对燃烧热损失的影响都超过了 CCOFA。CCOFA 布置在大风箱内,其离开主风口的距离和风速均受到限制。

燃尽风的风量调节与锅炉负荷和燃料品质有关。锅炉在低负荷下运行时,炉内温度水平不高,NO_x 的产生量较少,是否采用两级燃烧影响不大。另外,各停运的喷嘴都还有一定的流量(5%~10%),燃尽风的投入会使正在燃烧的喷嘴区域供风不足,燃烧不稳定。因此,燃尽风的挡板开度应随负荷的降低而逐步关小。锅炉燃用较差煤种时,燃尽风的风率也应减小。否则,大的燃尽风量会使主燃烧区相对缺风,燃烧器区域炉膛温度降低,不利于燃料着火和燃尽。

随着燃尽风量增加,燃烧器区域缺风加剧,SCR 进口 NO_x 浓度降低而飞灰含碳量升高;燃尽风增加到一定程度后,飞灰含碳量的上升突然加速。适当增加燃尽风量还可以使燃烧过程推迟,炉膛出口烟气温度升高,有利于保持额定蒸汽温度。煤的挥发分越低、运行氧量越小、二次风的分级深度越大,则燃尽风量对蒸汽温度的正向影响越明显。反之,也可能出现反向的影响。因此,燃尽风的调节必要时也可作为调节过热蒸汽温度、再热蒸汽温度的一种辅助手段。总之,通过对主燃烧区的过量空气系数的调节,燃尽风量可以在一定程度上实现对燃烧器区域温度分布的控制,从而有助于解决有关燃烧的某些问题。

四角布置切向燃烧锅炉的所有 SOFA 全部设计为反切风。即 SOFA 的切圆旋向与主燃烧器的切圆旋向相反,用以减轻炉膛出口烟气的残余旋转。有的锅炉 CCOFA 也进行了反切设计。在这种情况下,燃尽风的调节兼备控制过热器或再热器的壁温偏差,防止超温爆管的作用。反切风量以在不同负荷下不出现蒸汽温度左高右低的反偏差为原则。

燃尽风的其他可调参数还有水平偏置角(一般手动)和上、下摆动摆角(一般电动远操)。多层布置的分离燃尽风还可以通过总的燃尽风在不同层之间分配比例的调整,改善锅炉的运行指标。

不同锅炉的燃尽风控制方式不完全相同。一种是独立调节方式,即燃尽风挡板开度与负荷无关,根据调试结果,手动定位燃尽风挡板开度,运行中不再调节,燃尽风量只随大风箱压力变动而变动;另一种是负荷调节方式,即燃尽风挡板开度与总风量按一定的函数关系变化,当负荷低于某一设定值时全关燃尽风挡板。

(4) 周界风的调整　周界风（燃料风）是在一次风口周圈补入的纯空气，一般占二次风总量的10%～25%，风速为45～55m/s。在一次风口背火侧补入的称为偏置周界风。周界风是二次风的一部分，连接于燃烧器大风箱。其出口风速和风量随大风箱的压力变化而变化，一般随煤粉气流的大小同步增减。

目前国内机组普遍设置周界风。在一次风口周围设置周界风可以扩大燃烧器对煤种的适应范围。在燃用较好的烟煤时，可以起到推迟着火，迅速补充燃烧所需氧气的作用；当使用贫煤或无烟煤时，应该适当关小或者全关周界风挡板，以减小周界风量和一次风的刚性，扩大切圆直径，使着火提前。

(5) 三次风的调整　国内燃用贫煤、无烟煤的中间仓储式热风送粉系统，在燃烧器上层相应开有三次风喷口。三次风相对于炉内的高温烟气来说是一股冷气流，煤粉浓度极低，它对低挥发分煤的燃烧影响较大。三次风率一般在20%左右。三次风速也应控制合适，一般不低于50m/s。三次风的带粉量一般在10%左右，因这部分煤粉难以燃尽而产生较大的燃烧热损失。运行中应保持较高的细粉分离器效率，以降低三次风中的煤粉浓度。

若运行中三次风率过大，可采取以下措施：①减少制粉系统的漏风；②提高磨煤机的入口温度，以减少干燥剂量；③开大再循环风门，可在保证最佳通风量的条件下降低三次风量；④如能保证燃烧稳定，按一次风比例用乏气送粉，多余的作为三次风送入炉膛，也可以降低三次风量。

2. 燃烧器摆角的调整

调整燃烧器的摆角主要是为了调节再热蒸汽温度。国内1000MW机组也将调整燃烧器的摆角作为过热器调温的辅助手段。通常摆角变化±30°，影响再热蒸汽温度40～50℃。由于摆角改变会对火焰中心位置、煤粉的停留时间、炉内各射流间的相互作用等产生影响，因此调整喷口的摆角也往往会在某种程度上影响锅炉的燃烧状况。

燃烧器的摆角在运行中可上下调节。如图4-13所示，当摆角θ向上时火焰中心位置上移，炉膛出口烟温升高；当摆角θ向下时火焰中心位置下移，炉膛出口烟温下降。炉膛出口烟气温度的变化，改变了炉膛辐射传热量和烟道对流传热量的比例。当燃烧器摆角的变化幅度相同时，受热面吸热量变化的大小主要取决于其布置位置。越靠近炉膛出口的受热面吸热量变化越大。现代大型锅炉一般都用燃烧器摆角来调节再热蒸汽温度，在调节过程中对过热蒸汽温度的影响用改变混合式减温器的喷水量来

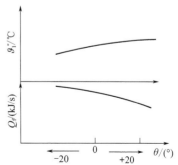

图4-13　燃烧器摆角θ与炉膛吸热量Q_f、炉膛出口烟温ϑ_1''之间的关系

修正。

3. 四角配风均匀性调整

四角配风的均匀性主要取决于二次风和一次风的均匀性。二次风的配风均匀性依靠调整炉前各角小风门的开度实现，运行中各层炉前小风门的开度一般不会影响四角气流的均匀性。同层四角的一次风粉是否均匀，对燃烧的稳定性、经济性十分重要。

（1）直吹式制粉系统一次风粉均匀性调整　直吹式制粉系统风管的风速偏差，可以通过调节节流孔板的孔径达到允许的数值（一般小于5%），但是各风管的煤粉浓度偏差不好控制。这是因为磨煤机风速主要由管路特性决定，而煤粉浓度除了与管路特性有关外，还与煤粉分配器的结构、磨煤机的出力、通风量等因素有关。

（2）中间仓储式系统的一次风管路布置　在离开排粉风机或一次风总管后，与正压直吹式制粉系统相同。一次风粉调平的原理和粉管监督内容，也与正压直吹式制粉系统相似，区别在于中间仓储式制粉系统有给粉机，给粉机的工作状态对一次风调平有重要影响。中间仓储式制粉系统当各管阻力调平之后，只要各管的给粉量相等，则一次风量（风速）也彼此相等。反之，只要各管的一次风量相等，煤粉浓度（给粉量）也是均匀的，并且其风粉均匀性与一次风箱压力几乎无关。

三、对冲布置旋流燃烧器的燃烧调整

旋流燃烧器的出口气流结构、回流区大小、位置、射程远近、气流扩散角等是决定锅炉燃烧工况最基本的因素。因此，旋流燃烧器的燃烧调节最主要的就是出口风速和风率的调节。近年来国内投运的旋流燃烧锅炉普遍使用低NO_x型双调风旋流燃烧器。双调风燃烧器有着良好的着火、燃尽、低氮、不结焦的综合性能，布置方式为前、后墙对冲布置，大多用于大、中型锅炉。下面主要以双调风燃烧器为例进行燃烧调整介绍。

1. 一次风的调整

双调风燃烧器的一次风率、风速对着火稳定性的影响与直流燃烧器相似，即适当地减小一次风率、风速有利于稳定着火。但双调风燃烧器的一次风率除影响着火吸热量外，还与旋转的内、外二次风协同作用共同影响燃烧器出口回流区的位置、尺寸和一、二次风的混合。表4-3列出了我国部分双调风旋流燃烧器一次风率、风速的运行控制值或设计值，可供燃烧调整时参考。一般来说，煤的燃烧性能较差或一次风温低时，一次风率可小些，相应的一次风速可低些；煤的燃烧性能较好或一次风温高时,一次风率则较大,一次风速较高。对于炉内结焦较严重的锅炉,适当增大一次风速、风率可使着火推迟,近壁燃烧区炉温水平降低。煤质较硬或发热量低的煤,相对密度较大,粉量多,易在煤粉管内沉积,也需要较大的一次风速。容量较大的燃烧器,一次风率可适当高些。但过分提高一次风速,则会使燃尽性变差。

表 4-3 双调风旋流燃烧器的一次风率、风速

燃烧器型号	运行锅炉容量/(t/h)	挥发分/%	一次风率/%	一次风速/(m/s)
HT-NR3	3100	32.2	20.5	23.3
HT-NR3	3033	32.9	20.7	—
CF/SF	2020	40~42	20	28
DS	2208	10~12	15~20	16~20
LNASB	1650	39.2	21.7	19.2
CF/SF	1189	26.25	27.4	17.6

一次风率适宜与否应以燃烧稳定性和燃烧热损失的大小作为判定的依据。如果以制粉系统干燥剂为一次风时,最佳的一次风量还应根据燃烧情况以及制粉系统的风煤比、出力和经济性综合考虑来确定。

对于直吹式制粉系统,一次风量由制粉系统的容量风调节挡板(双进双出钢球磨煤机)或热、冷风门正向联动(中速磨煤机)调节;对于中间仓储式系统,一次风量由一次风母管压力调节。不论何种方式,负荷降低时均对应较大的一次风率和较小的煤粉浓度,主要是考虑低负荷时煤粉管道堵粉的可能性,而不是燃烧的要求。因此,运行中在能够维持制粉、输粉最低风速的条件下,应尽可能使一次风量小一些。

2. 二次风的调整

双调风燃烧器组织燃烧的基础是分级配风,即内二次风最先射入炉膛,与一次风射流作用形成回流区,抽吸已着火前沿的高温烟气,在燃烧器出口附近构成一个富燃料的内部着火区域。在分级燃烧的情况下,入炉二次风总量被分为主燃烧区的二次风(燃烧器二次风)和分离燃尽风(SOFA)。运行中二次风总量的调节是借助炉膛出口氧量(过量空气系数)控制进行的。因此在一次风率确定以后,总的二次风率也就基本确定了,二次风总量和二、一次风量的比例不可能在大范围内变化。但是通过 SOFA 风率的调节,可以改变主燃烧器二次风的风量,并且在燃烧器二次风内部可以调整内、外二次风量的分配比例。就单只旋流燃烧器而言,由于二次风量大于一次风量,且旋转较强,因此燃烧器二次风在建立出口附近的空气动力场及发展燃烧方面起了主导作用。

内二次风挡板是改变内、外二次风配比的重要机构，它的开度大小将对燃烧器出口附近回流区的大小和着火区域内的燃料/空气比产生重要影响。因此，它基本上控制着燃料的着火点。不论内二次风设计为直流还是旋转，适当开大内二次风挡板，都将增大内二次风的风速及其卷吸量，使环形回流区变大且加长，煤粉的着火点位置变近。但此时应注意燃烧器喷口的结焦倾向。当燃用易结焦煤时，可适当关小内二次风挡板，此时燃烧的峰值温度降低，火焰拉长。

外二次风靠入口切向挡板同时改变其旋流强度和外二次风量。外二次风对内部燃烧区以后的燃烧过程起加强混合、促进燃尽的作用。其对火焰前期燃烧的影响则是通过间接改变内二次风量的方式来实现。单个燃烧器的试验表明，随着外二次风挡板的开大，外二次风量增大而其旋转减弱，内二次风比例减小，煤粉的着火点位置推后，火焰形状由粗而短变为细而长。适当开大外二次风挡板，可以提高燃烧刚性，抑制"飞边"缺陷。但外二次风挡板过度开大时，着火点位置明显变远，着火困难。

一般地，对于高挥发分的煤，外二次风的风率需要大一些，内二次风的风率需要小一些。这样可使火焰离喷口远些，保护燃烧器和强化燃尽。表4-4列出了一些双调风燃烧器经调试确定或设计推荐的内、外二次风挡板开度值，虽然不能准确代表内二次风与外二次风的风量配比，但可大致看出不同煤质的影响。

表 4-4　双调风燃烧器的内、外二次风挡板开度值

项目	ZXI 电厂	TZH 电厂	LIG 电厂	RIZH 电厂	BL 电厂
挥发分/%	41	31	30	26.3	22.8
内挡板开度/%	20	40～55	20	12～15	35
外挡板开度/%	50	35～45	50	45	50

3. 中心风的调整

中心风是从燃烧器的中心风管内喷出的一股风量不大（约 10%）的直流风。锅炉正常燃烧时，中心风用于冷却一次风喷口和控制着火点的位置。锅炉启动或低负荷投油稳燃时，中心风用作油枪的根部风。

当关闭中心风时，燃烧器出口中心区出现引射负压，形成中心回流区，与燃烧器出口处一次风扩锥后的环形回流区一起点燃煤粉，火焰从一次风射流中部和边缘同时升起，紧挨出口形成一个球形的高温火焰燃烧区。随着中心风挡板的开大，中心回流区变小并后推，呈"马鞍"形，环形回流区有所扩展，燃烧器出口附近火焰温度下降较快，可防止结渣和燃烧器喷口烧损。当燃用低挥发分煤时，中心风挡板应当关小，以增加燃烧稳定性；当燃用高挥发分煤时，不必担心着火问题，可以全开中心风挡板，防止一次风喷口烧毁。

中心风源来自炉侧大风箱，设计了专门的中心风挡板对中心风量进行调节。在中心风挡板不变时，炉膛-风箱压差也会影响中心风量。进行专门的燃烧调整试验可确定中心风量对着火点位置的影响。有的试验表明中心风挡板全开与全关相比，燃烧器轴线上的温度降低了约300℃。

4. 燃尽风的调整

燃尽风是横置于主燃烧区（所有旋流燃烧器）之上的第二级二次风，其设计风量约为二次风总量的15%～30%。燃尽风加入燃烧器的系统，可使分级燃烧在更大空间内实施。其作用与直流燃烧器的SOFA相同。

首先，煤粉气流与少量内二次风混合、燃烧，这部分空气只相应于挥发分的基本燃尽和焦炭点燃。其次，已着火燃烧的气流与外二次风混合，发展起强烈的燃烧过程或者说火焰中心。但为限制这高温火焰区域的氧浓度，前面两个阶段进入的空气总量只是接近或略小于理论空气量。最后，随着燃尽风的补入，使供氧不足的可燃物得到燃尽。

通过燃尽风风量挡板的调整，不仅可控制NO_x的排放，也可改变炉内温度分布和火焰中心位置，并且对煤粉的燃尽、屏式过（再）热器的金属壁温也会产生影响。燃尽风的风量调节原则与直流燃烧器基本相同。大的燃尽风率可以获得低的炉内NO_x排放浓度，但同时也会影响炉内的正常燃烧。粗略调整的原则是在不明显影响飞灰含碳量的前提下，尽可能将燃尽风率增大到设计值。优化的调节则应权衡燃烧热损失、锅炉效率、蒸汽温度偏差、减温水量和SCR运行费用等诸因素，得到在SCR出口NO_x排放浓度达标情况下较合适的燃尽风风率。表4-5为某660MW锅炉燃尽风各风比调整主要试验结果。

表4-5　某660MW锅炉燃尽风各风比调整主要试验结果

项目	习惯工况	优化公况1	优化工况2
主燃尽风外二开度/%	100/100/100/100/100/100	0/0/0/0/0/0	100/0/0/0/0/100
主燃尽风内二开度/%	100/100/100/100/100/100	100/100/100/100/100/100	100/100/100/100/100/100
侧燃尽风外二开度/%	100/100	0/0	100/100
飞灰可燃物/%	1.73	0.87	0.89
CO/%	654/1200	345	361
NO_x/(mg/m³)	252	350	290

第四节　燃烧调整试验

燃烧调整试验是指对新投产或大修后的锅炉，以及燃料品种、燃烧设备、炉膛结构有较大的变动时，为了了解和掌握设备性能，确定最合理、最经济的运行方式和参数控制要求而进行的有计划的测量、试验、计算及分析工作。

一、锅炉负荷特性试验

1. 锅炉最大负荷试验

锅炉最大负荷（BMCR）试验是为了检验锅炉机组可能达到的最大负荷，并预计在事故情况下锅炉的适应能力。BMCR 时不必保证锅炉的设计效率。

试验煤种应为设计煤种或商定的煤种。试验时，锅炉以不大于规定的加负荷速率逐渐将负荷升至试验所需的最高值，并保持连续稳定运行 2h 以上，记录各运行参数及性能数据。

运行人员应注意锅炉各辅机、热力系统、各调温装置及自控装置的适应能力；注意汽水系统的安全性、蒸汽参数与品质、各受热面的金属温度、减温水量、各段风烟温度和风烟系统的阻力等应无越限或不正常的反映。

2. 锅炉最低稳燃负荷试验

进行该试验前，应先进行燃烧调整和制粉系统调整试验，将燃烧工况调至最佳。试验时，按 5%～10% 的负荷段逐级降低锅炉负荷并在每级负荷下保持 15～30min，直至能保持稳定燃烧的最低限，并保持 2h 以上。降负荷过程中应密切监视炉内的着火情况、炉膛负压及氧量的变化情况，必要时，还可进行一些短时的扰动调节，以考核该负荷下锅炉燃烧的稳定性以及水冷壁运行的安全性。在每级负荷下均应对各主要运行参数进行测量、记录。

锅炉不投油最低稳燃负荷试验应按燃烧器的不同编组投入方式分别进行，每种燃烧器组合方式下的稳燃试验持续时间应大于 2h。试验时燃烧器至少应保持相邻两层投入运行。锅炉负荷降低至接近制造厂设计的不投油最低出力时，每降低 3% 的负荷，观察 10～20min，直至设计值或更低值。

3. 锅炉经济负荷试验

锅炉的经济负荷试验，通常结合上述两项试验进行。通过对各级负荷下参数的测量、记录和计算，得出的锅炉净效率最高时的锅炉负荷范围，即为该锅炉的经济负荷。

二、一次风粉均匀性调整试验

锅炉各一次风管在现场布置时由于长度、弯头数目、爬坡高度等的不同造成了各管道阻力的原始差异。故它们在相同的压差之下工作时就会造成各一次风管内的风量和煤粉量的分配不均匀，给锅炉的正常燃烧和安全经济运行带来不良影响。因此必须通过试验调整，将锅炉各一次风管的阻力调平。

一次风管阻力的调整试验通常先在冷态下进行，冷态调平后，再在热态下复测和重新调整，从而达到各一次风管阻力在投粉状态下也基本相等。冷态调平利用阻力平衡元件（缩孔或小风门）进行。在不通粉的情况下，用节流件阻力补足各管道原始阻力（系数）的差别。调平试验时，先提升一次风压，使各一次风速达到设计值附近，将各管可调缩孔开满，确定出其中动压最小的管子（即阻力最大的管子）作为基准管；然后保持基准管的缩孔全部开足，逐步关小其他一次风管的可调缩孔，使其动压向基准管动压逐渐接近，直至所有的一次风管动压基本相等。在阻力调平以后，无论一次风压如何变化，各管一次风速均匀性都不受影响。

上述方法可在调平一次风速的同时，最大限度地降低一次风机的运行能耗。如果冷态调平时使各管调平后的阻力系数维持得较高些（即基准管的节流缩孔也适当关小），虽然增加了一次风机电耗，但由于提高了运行一次风压，会使一次风管抵抗煤粉量扰动的能力增强，不易发生堵管。

冷态调平以后，如果通粉，又会发生新的阻力不平衡。其原因是煤粉的混入改变了各管路的阻力特性。因此需要进行热态下的阻力调平试验。对于中间仓储式制粉系统，各管给粉量可以单独控制。因此只要在相同的给粉量下，通过调节节流圈，获得均匀的一次风速，即可同时满足风量均匀和粉量均匀的要求。

热态调平的关键是确认各一次风管的给粉量是否相等。为此，首先应将各给粉机的起始转速调整一致，避免在同一平行控制器控制条件下给粉机的转速相差过大，从而使下粉量不一样；其次应掌握各给粉机的转速与下粉量的对应规律，有条件时最好能进行给粉机的特性试验。对于热风送粉的系统，可通过测量一次风管在落粉管后的混合温度，根据热平衡计算出煤粉流量。热态调平试验在额定负荷下进行，试验前调节各一次风量大致在额定值，维持各给粉机的转速（给粉量）均匀；然后仍保证基准管的缩孔全开，其余各管则依次继续关小缩孔（因为它们的阻力增加均小于基准管），直至风量彼此相等。调节过程如出现某一根管子的缩孔不是关小，而是不动甚至需要开大，则说明该管的煤粉流量不正常偏大，应对相应的给粉机进行检查和纠正。

一旦调平各管阻力（相应固定各缩孔开度），则各管给粉量相等即成为一次风量相等的必要前提。换句话说，运行中各一次风量的大小是由煤粉量的调节决定的。当某管风量较大时，就说明给粉量偏小，反之，则说明煤粉流量大。一般来说，随着锅炉负荷的降低，一次风管中的煤粉浓度要减小，从而导致风粉平衡破坏。管子原始阻力大的，风量大些，煤粉浓度相对低些；管子原始阻力小的，风量小些，煤粉浓度相对高些。但经计算，这种偏差一般不会太大，在燃烧工况分析时可加以考虑，运行中则不必调节。

对于直吹式制粉系统，由于同一台磨煤机各支管的煤粉流量在离开分离器后即无调节手段，因此即使是热态调平也只能达到风量调平。风量调平对煤粉的均匀性有一定的改善作用，但这主要是由装设性能良好的煤粉分配器来完成的。根据我国一些大机组的实测，各燃烧器间的一次风量偏差都能控制较好，但煤粉浓度偏差则普遍较大（达5%～10%）。

三、最佳过量空气系数调整试验

最佳过量空气系数调整试验应在选定的锅炉负荷和稳定的运行煤种下进行，同时应确保锅炉漏风系数在允许的范围以内。

过量空气系数的调整试验值可在炉膛出口的设计值附近选取3～4个，或者在1.1～1.3之间选取几个值。试验时应保持一次风量不变，只依靠改变总风量或二次风量来调整锅炉的过量空气系数值。在每一个预定的试验工况下，应按锅炉反平衡试验的要求对有关项目进行测量、记录和计算整理，绘出各损失的曲线图，并确定出最佳过量空气系数。进行较大过量空气系数的调整时，应注意它对主蒸汽温度的影响；进行较小过量空气系数的调整时，应注意燃烧的稳定性。

同一台锅炉，当运行煤种有较大变化时，应重新进行上述试验，以确定最佳过量空气系数对煤质变化的依赖关系。在不同负荷下，最佳过量空气系数的值也是不同的，因此，应在最大负荷到最低稳燃负荷之间安排几个负荷段进行最佳过量空气系数的试验，以便为锅炉在不同负荷下的氧量控制提供合理的依据。

对于一般的煤粉炉，最佳过量空气系数随燃煤煤种的燃烧性能下降而增大，随锅炉负荷的升高而减小。此外，炉膛结构与燃烧器的配置等也会影响最佳过量空气系数，如W形火焰燃烧锅炉常需要较高的过量空气系数。试验表明，过量空气系数在最佳值附近的小量变化对锅炉效率的影响不太显著。因此运行中对氧量的控制只需要在最佳值的某一范围内即可。

四、经济煤粉细度调整试验

煤粉细度对煤粉气流的着火和焦炭的燃尽以及磨煤运行费用（包括磨煤电耗费用和磨煤设备的金属磨耗费用）都有直接影响。煤粉越细，着火燃烧越迅速，机械不完全燃烧热损失引起的耗费q_4就越小。但对磨煤设备而言，这将导致磨煤运行费用q_m的增加。显然，比较合理的煤粉细度应根据锅炉燃烧技术对煤粉细度的要求与磨煤运行费用两个方面进行技术经济比较来确定。通常把q_4、q_m之和（q_4+q_m）为最小值时所对应的煤粉细度R_{90}^{jj}称为经济煤粉细度，如图4-14所示。

影响经济煤粉细度的因素很多,最主要的是煤粉的干燥无灰基挥发分及磨煤机和粗粉分离器的性能。干燥无灰基挥发分较高的燃煤,易于着火和燃尽,允许煤粉磨得粗些,即 R_{90} 可以大一些。煤粉细度调整试验一般在额定负荷的 80%~100% 下进行。试验前先调整锅炉各运行参数稳定,然后分别将煤粉细度调至各个预定的水平,在每一个稳定工况下测取机械不完全燃烧热损失引起的耗费 q_4 与制粉单耗所需要的各有关数据,并从中确定最经济的煤粉细度。

经济煤粉细度较简单的测试方法是只测量飞灰可燃物 C_{fh} 与 R_{90} 的关系。如图 4-15 所示,在 R_{90} 较小时,随着 R_{90} 的增大,C_{fh} 增大较缓,但超过某值(图中 C 点)后 C_{fh} 迅速增大。可将此转折点作为经济煤粉细度的估计值。

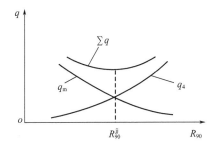

图 4-14 经济煤粉细度的确定原理
q_4—机械不完全燃烧热损失引起的耗费;
q_m—磨煤运行费用;Σq—总费用

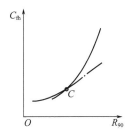

图 4-15 飞灰可燃物与煤粉细度的关系

国内一些燃用较高挥发分煤的大型锅炉飞灰可燃物有的很低,约 0.7%~1.0% 甚至更低,而制粉电耗则较高。对于这些锅炉,不应继续追求更低的燃烧热损失,适当提高 R_{90} 的数值则可能是有利的。

五、风量测量与标定

为保证风量控制的准确性,锅炉的二次风、一次风、磨煤机旁路风等风道上均安装有测速元件,初次运行前必须对它们进行标定。为正确配风,风门的挡板特性也需要进行标定。另外,风门实际开度与开度指示值的偏差往往对炉膛空气动力场及四角均匀性有重要影响,亦需仔细检查纠正。

测速元件的形式不同(大、小文丘里管,小机翼等),但它们的输出均为压差。所谓测速元件的标定,是指通过试验给出风道截面上的介质流量与测速元件输出压差之间的关系。介质流量通常用标准皮托管或笛型管测定。压差的测定则是非常容易的,通常按公式(4-3)对试验点进行拟合。

$$Q = c \left(\frac{\Delta p}{T}\right)^{0.5} \qquad (4-3)$$

式中　　Q——风道通风量，t/h；

　　　　Δp——测速元件的压差，Pa；

　　　　T——风温，K；

　　　　c——校正系数，$c=f(\Delta p)$，校正系数 c 主要与测速元件的阻力系数有关，但也包括了风道总流量对测点局部流量的修正等，若 c 值变化不大，也可取为实用流量范围内的平均值。

风量挡板的标定是指空气流量与挡板前后压差的对应关系。锅炉运行一段时间后，应对风量挡板开度的灵活性、可靠性进行检验和纠正。经验证明，风门开度指示值与实际开度的偏离往往是运行不正常、燃烧经济性低的一个重要原因。

六、燃烧器负荷分配与投停方式试验

1. 负荷分配调整

燃烧器负荷分配调整的目的是改变炉内的温度分布，以解决火焰偏斜、炉内结渣、烟气侧热偏差过大、蒸汽温度偏高或偏低、过再热器金属超温以及热经济性差等问题。负荷分配的调整原则为：

① 对冲布置的旋流燃烧器和 W 形火焰燃烧锅炉可以单台燃烧器进行调整，一般应保持中间负荷大，两边负荷较小。

② 四角布置直流燃烧器一般应对角两台同时调整或单层四只燃烧器同时调整。

③ 负荷分配改变时，各只燃烧器的风煤比可根据燃烧需要加以调整，但总的过量空气系数一般维持不变。

2. 投停方式调整

该项试验的目的是找出燃烧器出力的调节范围，以确定锅炉在不同负荷下运行燃烧器的合理数量（制粉系统的投运台数）和运行燃烧器的合理组合方式。

试验时应分阶段调整锅炉负荷，对预定的各种组合方式进行逐项试验。当燃烧器超过出力范围而使燃烧工况变差时，应增加或减少燃烧器的投运数量。在增、减燃烧器时，试验各种组合方式对锅炉安全性、经济性的影响。

判断调整措施是否合理的依据是锅炉燃烧的稳定性、炉膛出口烟温、炉内温度分布、蒸汽温度特性、水动力稳定性等。当以上诸方面彼此冲突时，应考虑要解决的主要问题。

七、动力配煤试验

动力配煤是指大型机组为解决结渣、稳燃等问题或适应用煤政策而进行的不同煤种的掺烧或混烧。为取得较佳效果，往往需要做掺烧试验，确定经济合理的掺烧比例或混烧方式。配煤试验时，为了不致因煤质波动而影响到燃烧的效果，混合均匀是首要的要求。其次应充分考虑燃煤从混合时起直至到达燃烧器出口的时间差。

旨在了解燃烧稳定性、经济性的试验，试验时间可以短些，以能取得有关燃烧、传热的稳定数据为限；旨在解决炉膛结焦等问题的试验，则可能需要数天或更长时间。与锅炉经济性有关的数据可取运行统计值代替。

在进行混烧时，可将燃尽性能差的煤种放在底层燃烧器，以降低燃烧热损失。当配煤的要求有较大的冲突时，应权衡得失利弊和主要矛盾并综合考虑总煤价的因素进行优选。

在确定各煤种的掺烧比例时，有条件的电厂应实际测定混煤的相关煤质特性，无条件的电厂可按照有关的公式进行预测。

八、模化试验

炉内模化试验通常在下列情况下采用：在设计新型锅炉或新炉投入运行时，可通过模化试验或冷炉试验来了解、掌握其流动规律，验证和修改设计及运行方案；对已有运行不正常的燃烧设备，可通过模化或冷炉试验找出其改正的措施。冷态等温模化技术是省时、省力、效率高、灵活性强的一种试验方法。炉内模化的目的如下：

① 确定锅炉燃烧系统的配风均匀程度。

② 确定燃烧系统及燃烧器的阻力特性。

③ 确定燃烧器的流体动力特性，探索新型燃烧器的流动规律，一、二次风的混合情况，旋流燃烧器回流区的大小及回流量变化情况，四角喷燃器的切圆大小等。

④ 确定二次风的作用、布置位置、角度和所需风速等。

⑤ 确定影响炉膛充满度的各种因素。

⑥ 探讨炉内结渣的空气动力原因。

⑦ 试验降低炉膛出口烟气速度和温度扭转残余的各种措施。

⑧ 摸索合理的运行方式，如低负荷的运行方法，四角燃烧中缺角运行的影响，停用个别旋流燃烧器的方式。

其还可用于探索新的燃烧方式、新的炉膛结构。

等温模化不可能完全准确地描绘燃料在炉内燃烧的复杂物理化学过程，只能对炉内流动过程提供一些定性的结果。根据相似原理，进行炉内冷态等温模化试验时应遵守的原则是：①模型与实物需几何相似；②保持气流运动状态进入自模化区；③边界条件相似。

冷模及冷炉试验中经常采用下列几种观测法：

① 飘带法。利用长的纱布飘带可以显示气流方向。

② 示踪法。对于气模及冷炉，可以将纸屑或聚苯乙烯白色泡沫塑料球和木屑Z等轻型碎屑引入欲观察的区域以显示气流的流动方向。如果模型是透明的，则利用片光源束还可以观测和拍摄有关截面的气流特性。

③ 仪器测量法。如要求定量测量速度场、回流区尺寸等，可以使用各种气力探针、热线风速仪、叶轮风速计等。

第五章
燃煤电厂大气污染物排放治理技术

我国的资源禀赋可以概括为"富煤、贫油、少气"。改革开放以来,煤炭作为稳定、高效、易获取的主要一次能源,支撑了经济社会高速发展。在较长一段时期内,煤炭仍将在我国能源生产与消费领域发挥不可替代的作用。火电行业原煤消耗量约占全国煤炭消费量的50%,工业废气排放量居各行业首位。大规模煤炭利用,将导致大气污染排放压力骤增,特别是近些年来频繁出现"雾霾"等重污染天气。国际能源署制定的2030年燃煤电厂污染物排放目标是:烟尘<1mg/m^3,二氧化硫<10mg/m^3,氮氧化物<10mg/m^3。近年来,虽然我国燃煤电站烟气治理取得了长足进步,但仍有较大的提升空间。特别是随着经济社会发展,能源消耗规模不断增长,大气污染排放总量控制压力依然很大,持续改善单位燃煤发电排放绩效仍然具有重要意义。

第一节 燃煤电厂大气污染物

一、燃煤电厂主要大气污染物

燃煤发电过程产生的主要大气污染物为烟尘、二氧化硫和氮氧化物。烟尘中包含大量颗粒物,这些颗粒物是造成我国重度及以上污染天气的首要原因。二氧化硫、氮氧化物既作为大气一次污染物存在,同时又是形成$PM_{2.5}$的重要前体物。大气污染成因较为复杂,一次污染物与二次污染物交织影响、互相作用,降低源头排放是治理大气污染的重要手段。

1. 烟尘

烟尘中包含大量 $PM_{2.5}$ 和 PM_{10}，是造成我国大气污染的主要因素。特别是 $PM_{2.5}$，其形成机理十分复杂，既有一次来源的 $PM_{2.5}$，又在二氧化硫与氮氧化物的催化作用下形成大量二次来源的 $PM_{2.5}$。颗粒物能长期在大气中飘浮，会在大气中不断蓄积，且具有吸湿性，在大气中易吸收水分，形成表面具有很强吸附性的凝聚核，可以吸附有害气体和经高温冶炼排出的各种金属粉尘以及致癌性很强的苯并芘等。世界卫生组织正式指出，长期暴露在 $PM_{2.5}$ 浓度超过 $35\mu g/m^3$ 的环境中将显著增加死亡率。

2. 二氧化硫

二氧化硫（SO_2）是目前由燃煤而造成的大气污染物中排放量大、影响面广并且危害最严重的污染物质。二氧化硫在水或水蒸气中与之结合会形成亚硫酸，具有非常强的腐蚀性；会通过呼吸道进入身体进而生成亚硫酸、硫酸以及硫酸盐，刺激呼吸道黏膜和支气管，甚至导致肺水肿和肺心病。二氧化硫对植物的生长也具有很大的影响，可导致水稻大量减产，森林大面积死亡。同时，二氧化硫可以对各种建筑材料及设备造成严重腐蚀，影响历史文物的保存和人类历史的延续。

3. 氮氧化物

氮氧化物（NO_x）对生态环境和人类健康的影响同样十分严重。一氧化氮可以同血液中的血色素结合，进而使血液缺氧导致中枢神经麻痹。二氧化氮对人体和建筑物的影响与二氧化硫类似。此外，氮氧化物的危害还表现在它是光化学烟雾的罪魁祸首。同时，其温室效应大约是二氧化碳的 200～300 倍。根据测算，因为人类活动而排入大气的氮氧化物中 90% 是由各类燃料燃烧不完全造成的。

二、燃煤电厂非常规污染物

煤炭燃烧不仅会释放粉尘、NO_x、SO_2，还会释放重金属、汞、SO_3、VOCs 等非常规污染物。虽然我国对粉尘、NO_x、SO_2 的控制已达世界领先水平，但对重金属、汞、SO_3、VOCs 等非常规污染物的排放控制亟待解决。

1. 重金属

大气、水及土壤污染是目前燃煤排放的重金属导致环境污染的 3 个主要来源。美国在 1990 年颁布的清洁空气修正法案中将砷、铅、硒等重金属定义为了主要有毒空气污染物。燃煤电厂废气中有害重金属大多以气态或细颗粒态形式存在。燃煤电厂的飞灰、底渣、石膏、烟气和废水中均存在不同组分的砷，砷在环境中会转变成剧毒物砒霜，砷进入人体呼吸道和消化道后会引起砷中毒，砷中毒会导致人体代谢失常，引发神经中毒。另外，燃煤电厂烟气中重金属镉的浓度也不容忽视，与电厂周边土壤样中的镉含量呈正相关。土壤中含镉后，粮食会受到明显污染，对人体健康造成危害。此外，煤燃烧后的烟气中还会携带铅（Pb）、汞（Hg）、铬（Cr）和类金属（As）等重金属。大力研发重金属控制技术是促进燃煤污染物减排的必要举措。

2. 汞

煤燃烧是主要的大气汞排放源。大气中的汞会通过化学反应转化为剧毒的甲基汞，对人体造成不可逆损害。2017年8月16日，《关于汞的水俣公约》正式生效。在我国，燃煤电厂的汞排放量占汞排放总量的85%以上。煤燃烧过程中汞大多以气态（Hg^0）形式释放。Hg^0 随烟气流动的过程中，温度逐渐降低，被烟气中的其他组分氧化为氧化态（Hg^{2+}）。此外，部分 Hg^0 与 Hg^{2+} 吸附在飞灰颗粒上会形成颗粒态汞（Hg^P）。

3. SO_3

燃煤电厂烟气中的 SO_3 主要来源于煤中的硫。在炉膛内及炉膛出口的高温烟气中，煤燃烧生成的 SO_2 会有一部分（0.5%～2.5%）转化为 SO_3，SCR 催化剂也会促进部分 SO_2 转化成 SO_3（其转化率约 0.5%～1.5%，现阶段对催化剂的使用，一般要求转化率控制在1%以内）。SO_3 的危害性远远大于 SO_2，不仅会引起后续设备腐蚀，形成硫酸铵，造成设备堵塞，而且还是电厂有色烟雨（如蓝烟/黄烟）的主要诱因之一，是酸雨形成的主要原因，也是大气二次气溶胶的重要组成（二次气溶胶对中国大气环境 $PM_{2.5}$ 的贡献率达 30%～77%）。因此，摸清现阶段中国燃煤电厂的 SO_3 排放特征，并采取针对性的控制措施是非常有必要的。

目前，国外一些发达国家已制定了 SO_3 排放标准。近年来，我国对 SO_3 等非常规污染物的控制逐渐重视，已有部分省市规定了当地 SO_3 排放限值。上海规定固定污染源硫酸酸雾排放不高于 $5mg/m^3$，乌鲁木齐规定燃煤电厂 SO_3 排放量不超过 $5mg/m^3$，杭州规定燃煤电厂 SO_3 排放限值为 $10mg/m^3$。

4. 挥发性有机物

燃煤过程中会释放一定量的挥发性有机物（VOCs）。VOCs 是二次气溶胶和臭氧形成的重要前驱体，会对环境和人体健康造成危害。挥发性有机物不仅对环境有着巨大的危害，对人类自身造成的危害也是不容忽视的。对环境的影响：VOCs 受光照后，能和一次污染物产生光化学烟雾，给环境带来二次污染，并生成温室气体对臭氧层造成严重损害，由此产生了温室效应。影响人类生活：VOCs 多有毒性及刺激性气味，对人体器官组织等有着强烈的刺激作用，若浓度过高，则会引起中毒，严重时导致死亡，部分 VOCs 属于致癌物，会使人体产生永久性病变。此外，大多数 VOCs 具有易燃、易爆的特点，当浓度达到一定程度时，很有可能引起火灾等危险事故，对人们的生命和财产安全造成危害。

由于燃煤自身特性的影响，关于燃煤电厂中 VOCs 的化学形态的相关研究发现不同电厂燃煤排放的 VOCs 形态有一定的差异。一些学者认为燃煤排放的 VOCs 主要成分是单环芳香烃（50%～90%）、脂肪烃（15%～50%）和卤代烃；另一些学者发现燃煤排放烟气中的 VOCs 主要以苯、甲苯和苯甲醛为主。在现有 APCDs 作用下，燃煤烟气中的 VOCs 排放质量浓度均在 $20\mu g/m^3$ 以下。

第二节　烟尘治理技术

一、除尘技术的特点及发展历程

中国除尘技术经过多年的发展和应用，逐步形成了机械力除尘、洗涤式除尘、过滤式除尘和电除尘四大类。其典型技术特点及应用领域详见表 5-1。20 世纪 70 年代以前，火电厂普遍采用水膜除尘器和机械除尘装置，除尘效率平均约为 70%。20 世纪 70 年代，电除尘技术开始在电厂得到应用，但仍以水膜除尘器为主，80 年代以后，电除尘技术开始广泛应用。2000 年后，布袋除尘技术在燃煤电厂得到了工程应用。旋风除尘、水膜除尘、静电除尘和布袋除尘技术，在中国燃煤电厂烟尘排放控制历程中都发挥了重要作用。

为了满足日益严格的排放标准，电厂烟气除尘技术由机械除尘、水膜除尘向电除尘、布袋除尘、电袋除尘方向逐步发展。中国燃煤电厂除尘技术的发展历程详见图 5-1。对于燃煤电厂要实现达标排放甚至近零排放，需要综合考虑技术成熟度、除尘效果、经济性等因素。

表 5-1　除尘技术类别及特点

技术类别	典型技术	优点	缺点	技术特点及应用领域
机械力除尘	重力除尘、惯性除尘、旋风分离除尘技术	结构简单、造价低廉、维护管理方便且适用面广。旋风分离技术在高温下对大尺寸颗粒物（粒径大于 $10\mu m$）的脱除效率通常也可以达到 99.9%	处理粗粉尘颗粒没有任何问题，但对于微米级和亚微米级粒子，其分离能力很低。特别是对于粒径小于 $5\mu m$ 的颗粒物脱除效率很低，如旋风分离器对小于 $5\mu m$ 细颗粒的分离效率只有 30%～40%，对 $PM_{2.5}$ 的脱除效率仅有 3% 左右	设备结构简单，应用广泛，通常用于粗颗粒脱除，对于细颗粒除尘效率较低，主要应用于化工、电力、石油、冶金、建筑等行业

续表

技术类别	典型技术	优点	缺点	技术特点及应用领域
洗涤式除尘	文丘里管除尘、水膜除尘技术	结构简单、造价低	对于粒径较大的颗粒物有较高的去除效率,而对于微米级和亚微米级粒子几乎没有作用,物料难以回收,易造成污染转移,高温环境下会造成能量浪费	文丘里管除尘效率高,但压降大,含尘废水处理量大;水膜除尘的效率不如文丘里管,一般可达90%,但阻力小,用水量少,20世纪80年代前曾广泛应用于国内燃煤发电机组
过滤式除尘	布袋除尘技术	除尘效率很高,可达到99.9%(质量份额)	对于1μm附近的颗粒脱除效率很低。布袋除尘器阻力降较大,滤料抗腐蚀性差,需定期清洁和更换,维护成本较高	除尘效率高,适用范围广,不受粉尘电阻率的影响,研究重点主要在滤料上,已广泛应用于电力、化工、水泥、冶金等行业
电除尘	静电除尘技术	除尘效率很高,可达到99.9%(质量份额)	一次性投资较高,体积也较大,影响静电除尘效率的因素(颗粒的物理和化学性质)很多,针对不同除尘对象除尘效率并不稳定。粒径很小的颗粒不能通过碰撞吸收所需要的动能,也不具备迁徙到除尘器表面所需要的高扩散速度,携带的电荷量就较少,不易被捕捉到,除尘效率很低	技术成熟,除尘效率高,已广泛应用于电力、化工、水泥、冶金、造纸等行业

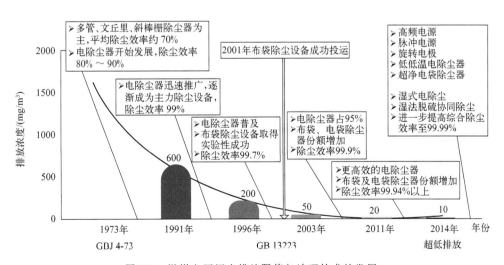

图 5-1 燃煤电厂烟尘排放限值与治理技术的发展

二、电除尘技术

1. 电除尘技术的发展历程

电除尘技术于 1824 年由德国的 M. Hoheled 提出，其研究发现电火花能够让瓶内的烟雾消散。1883 年，从事静电研究工作的英国物理学家 S. O. Lodge 在《自然》杂志发文提出静电可以净化被烟气污染的空气。1907 年，美国加利福尼亚大学教授 F. G. Cotrell 成功研制出了工业电除尘装置，此后电除尘技术在各行业得到了快速发展。中国的电除尘技术起步于 20 世纪 60 年代；到 70 年代末研制了电除尘样机及系列产品；80 年代，全国开始建立除尘器设备生产厂，同时从国外引进了电除尘先进技术；90 年代，中国电除尘技术高速发展，旋转电极静电除尘器、新型立式静电除尘器、屋顶静电除尘器等新产品相继问世。尽管国内电除尘技术取得了长足的进步，但由于我国煤种众多，不同煤种燃烧产生的烟尘特性差异较大，对于一些富含高铝高硅灰的燃煤烟气，除尘效率有待提高，这也要求电除尘技术不断推陈出新。

2. 电除尘技术的原理及简介

电除尘器技术的原理是在高压电场的作用下将气体电离，使尘粒荷电，在电场力作用下实现粉尘的捕集，见图 5-2。含有烟尘颗粒的烟气在通过高压电场时，由于阴极发生电晕放电使得气体电离；在电场力的作用下，带负电的气体离子向阳极板运动，与烟尘颗粒相碰后使烟尘颗粒荷电；荷电后的烟尘颗粒在电场力的作用下运动到阳极，放出所带的电子，烟尘颗粒在阳极板沉积，气体净化后排出除尘器。目前国内静电除尘器主要分为立式和卧式、板式和管式、干式和湿式等。

静电除尘过程包括以下几步：

（1）气体电离　空气中存在极少量的正、负离子，当向阴阳两极施加电压时，离子便向电极移动，形成电流，产生"电晕放电"。电晕放电使气体电离，放出电子生成离子。当两极间的电压继续升高到某一点时，电流迅速增大，电晕极产生一个接一个的火花，称为火花放电。在火花放电之后，电压继续升高至某一值时，电场击穿，出现持续的放电，产生强烈的弧光并伴有高温，这种现象就是电弧放电。由于电弧放电会损坏设备，使电除尘器停止工作，因此在电除尘器操作中应避免这种现象。

（2）粒子荷电　离子产生后，气体吸附电子而成为负气体离子，撞击尘粒使尘粒带电。尘粒荷电方式有两种，即电子直接撞击尘粒使其带电（电场荷电）以及电子由于热运动与粉尘颗粒表面接触使粉尘荷电（扩散荷电）。尘粒的荷电方

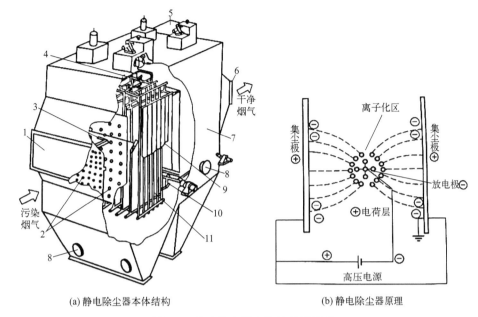

(a) 静电除尘器本体结构　　　　　(b) 静电除尘器原理

图 5-2　静电除尘器本体结构及原理

1—电极板；2—电晕线；3—瓷绝缘支座；4—石英绝缘管；5—电晕线振打装置；
6—阳极板振打装置；7—电线吊锤；8—进口第一块分流板；9—进口第二块分流板；
10—出口分流板；11—排灰装置

式与粒径有关，粒径大于 0.5μm 以电场荷电为主，小于 0.2μm 以扩散荷电为主。工程中电除尘器所处理粉尘的粒径一般大于 0.5μm。

（3）带电粒子的迁移和沉积　带电尘粒在电场力作用下，朝着与其电性相反的集尘极移动。带电尘粒到达集尘极，尘粒上的电荷与集尘极上的电荷中和，尘粒恢复中性而沉积在集尘极。

（4）颗粒的清除　气流中的尘粒在集尘极上连续沉积，极板上的尘粒层厚度不断增大。最靠近集尘极的颗粒把大部分电荷传导给极板，集尘极与这些颗粒间的静电引力减弱，颗粒层有脱离的趋势。但颗粒层有电阻，靠近颗粒层外表面的颗粒没失去电荷，它们与极板所产生的静电力足以使靠极板的非带电颗粒被"压"在极板上。可用振打方法（机械、压缩空气）或其他清灰方式（喷淋水）将尘粒层强制破坏，使其落入灰斗。比电阻大的粉尘还容易出现反电晕，影响除尘效率，必须及时清灰。

三、布袋除尘技术

1. 布袋除尘技术的发展历程

1950 年 H. J. Hersey 发明了气环反吹布袋除尘器，1957 年 T. V. Renauer 发

明了脉冲反吹布袋除尘器,由此带来了布袋除尘技术上的一次革命。1966年北京农药一厂引进了英国的马克派尔型脉冲布袋除尘器,1988年首次试制成功中国第一台脉冲布袋除尘器用于富春江冶炼厂烟气处理系统。之后对脉冲控制仪和滤袋材质不断改进,使布袋除尘器在各行业得到了迅速推广。2000年后布袋除尘技术开始在中国燃煤电厂得到工程应用。

2. 布袋除尘技术的原理及简介

布袋除尘器是利用织物制作的袋状过滤元件来捕集含尘气体中固体颗粒物的装置。布袋除尘器的结构一般包括袋室、清灰机构和灰斗三部分。含尘气体进入挂有一定数量滤袋的袋室后,开始被干净滤袋的纤维过滤,一部分粉尘嵌入滤料内部,另一部分覆盖在滤袋表面,形成一层粉尘层。此后,含尘气体的过滤主要依靠粉尘层进行。其除尘机理是:含尘气体通过滤料与粉尘层时,粉尘在筛分、惯性碰撞、黏附、扩散与静电等作用下,被阻留在粉尘层上。当粉尘层加厚,压力损失达到一定程度时,需要进行清灰。清灰后压力损失降低,但仍有一部分粉尘残留在滤袋上,在下一个过滤周期开始时起到良好的捕尘作用。

布袋除尘器根据清灰方法的不同,可分为机械振动、分室反吹、喷嘴反吹、振动与反吹并用、脉冲喷吹五类。其形式有上进风式和下进风式、圆袋式和扁袋式、吸入式和压入式、内滤式和外滤式之分。

燃煤电厂常用的是分室反吹、脉冲喷吹布袋除尘器,如图5-3与图5-4所示。前者是利用阀门逐室切换气流,在反吹气流作用下,迫使滤袋缩瘪或鼓胀而清灰;后者是以压缩空气为清灰动力,利用脉冲喷吹机构在瞬间放出压缩空气,诱导数倍的二次空气高速射入滤袋,使其急剧鼓胀,依靠冲击振动和反吹气流来清灰。

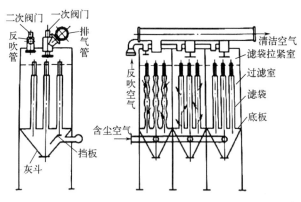

图5-3 分室反吹布袋除尘器结构

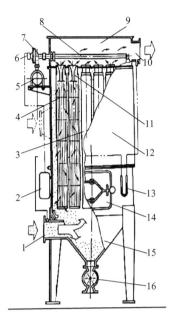

图 5-4 脉冲喷吹布袋除尘器结构
1—进气口；2—控制仪；3—滤袋；4—滤袋框架；5—气包；6—控制阀；7—脉冲阀；
8—喷吹管；9—净气箱；10—净气出口；11—文丘里管；12—集尘箱；13—U 形压力计；
14—检修门；15—集尘斗；16—排灰装置

滤袋主要采用 PPS、PTFE、P84 三种滤料。相比较而言 PTFE 的性能指标最好，但价格高。目前国内外燃煤电厂应用较多的滤料是 PPS 和复合 PPS。国内外火电厂布袋除尘已经有较多应用业绩，烟尘排放浓度能够控制在 20mg/m³ 以内。破袋与高阻力是制约布袋除尘器应用的两大因素。布袋除尘技术的优缺点如下。

布袋除尘技术的优点：①除尘效率高，特别是对微细粉尘也有较高的脱除效率。即使入口粉尘达到 1000g/m³ 以上，经布袋除尘器过滤后的烟气含尘浓度也可降低到 20mg/m³ 以下。②适应性强，可以捕集不同性质的粉尘。例如，对于高比电阻粉尘，采用布袋除尘器就比电除尘器优越。此外，入口含尘浓度在较大范围内变化时，采用布袋除尘器效果好。③布袋除尘器收集含有爆炸危险或带有火花的含尘气体时安全性较高。

布袋除尘技术的缺点：①应用范围主要受滤料的耐温、耐腐蚀等性能影响，PPS 滤袋工作温度范围为 120～160℃，PTFE 滤袋工作温度可达 260℃，但价格昂贵。如果含酸性气体较多时，会腐蚀滤袋纤维结构，导致滤袋强度下降最终破损；碱性腐蚀多出现在含有氨气的工况，破损和酸性腐蚀类似。②烟气温度不能低于露点温度，否则会产生结露，致使滤袋堵塞。③阻力较大，一般压力损失在 1000～1500Pa 之间。④废旧滤袋不易处理，易造成二次污染。

3. 电袋除尘

国外在 20 世纪 70 年代末开始了电袋复合除尘技术的实验研究，90 年代后期实现了工业性应用。21 世纪初，电袋复合除尘器开始在国内燃煤电厂中应用。电袋复合除尘器结合了电除尘器与布袋除尘器的除尘特点，先由前级电场脱除烟气中 70% 以上的烟尘，再由后级布袋除尘捕集烟气中残余的细微粉尘，见图 5-5。前级电场的预除尘降低了滤袋的负荷量，即减小了除尘阻力，同时同种电荷的荷电使得粉饼层变得疏松，阻力更小，两者共同作用使得滤袋的清灰周期变长，从而节省了清灰能耗，延长了滤袋使用寿命。

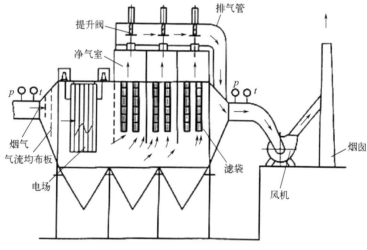

图 5-5　电袋除尘器结构

电袋复合除尘器的除尘效率受煤种、飞灰特性影响较小，排放浓度可控制在 $20mg/m^3$ 甚至 $10mg/m^3$ 以下，且运行较为稳定。电袋复合除尘器的运行阻力比布袋除尘器低 200~300Pa，可以减少引风机功率消耗。由于进入布袋除尘器的烟尘浓度较低，减少了烟尘的磨损作用，延长了滤袋的清灰周期和使用寿命。但电晕产生的臭氧会对布袋进行腐蚀，并且从电除尘区到布袋除尘区气流分布不均匀也会对滤袋的寿命造成影响。与静电除尘器相比，电袋复合除尘器系统阻力较大，投资和运行成本较高。电袋复合除尘器的主要技术性能指标为：粉尘出口浓度 $5~20mg/m^3$，除尘器压差 800~1200Pa。

四、近零排放高效除尘技术

1. 除尘器高效电源技术

电源是电除尘器的关键核心部件，传统上常用工频电源。由于环保要求的提高,采用了三相电源和高频电源提高燃煤电厂的除尘效果。相对于工频电源,三相电源具有系统供电平衡、功率因数高、输出直流电压更平稳、波动小等特点。高频电源的平均电压相比工频电源提高了25%～30%。在高压脉冲条件下,高频电源可提高烟尘荷电量、克服反电晕、提高场强,进而提高除尘器效率。这两种高效电源技术投资基本相当,均可通过提高电压和场强来有效提高除尘效率,但对烟尘比电阻高的煤种如准格尔煤的效果较差。分析神华高频电源应用情况可知,运行电耗与电除尘器出口烟尘浓度关系密切,如单纯依靠高效电源技术实现过低烟尘排放,则会引起电耗增加。当烟尘浓度从改造前的 $50mg/m^3$ 降至 $25mg/m^3$ 时,能耗增加10%以上;若将烟尘浓度降低至 $20mg/m^3$ 以下,能耗将会进一步增加。对于三相电源同样存在类似问题。静电除尘器电源由单相1.8A/7.2kV 改为三相 2.0A/8.0kV,烟尘浓度从改造前的 $40mg/m^3$ 降至 $15mg/m^3$,能耗增加约30%。可见采用高频电源或者三相电源的单一方式降低烟尘浓度耗能较多,需要全系统进行统筹和运行优化,实现降低烟尘浓度的同时系统能耗代价最小。

对比电阻高的或其他特殊煤种,采用软稳电源或脉冲电源具有较好的除尘效果。软稳电源采用了横向极板、横向移动式收尘极、宽极间距等技术,将烟尘比电阻范围有效拓宽至 1×10^3～$2\times10^{12}\Omega\cdot cm$,能够广泛适用不同的煤种。

2. 低低温静电除尘技术

低低温静电除尘技术通过在静电除尘器前设置烟气余热回收装置(加装低温省煤器),使烟气温度由120～160℃降到了85～95℃。由于温度降低,烟气中的 SO_3 结露,被烟尘中的碱性物质吸收、中和,烟尘比电阻降低,烟尘特性得到了改善,同时烟气体积流量减小,使得电除尘效率大幅提高。该技术具有提高除尘效率、降低煤耗和脱除 SO_3 的多重效果。相比传统的静电除尘技术,该技术烟气温度降低,烟尘比电阻、烟气流量和流速降低,除尘效率提高,脱硫系统进、出口温差减小,耗水量降低。此外,由于该技术回收了烟气余热,还具有节能效果。但由于低低温静电除尘技术烟尘比电阻下降,烟尘黏附力降低,次扬尘会适当增加;烟气温度降低后,流动性变差,气力输灰系统需要做相应调整;此外,还存在灰斗容易堵塞等问题。针对使用中设备可能出现低温腐蚀的问题,国内外研究及实践表明,当 D/S(烟尘/三氧化硫质量浓度比)>100时,烟气温度低于酸露点温度,形成的硫酸可被飞灰中的碱金属包裹,不会形成低温腐蚀;对于高、低灰煤种,如 $D/S<50$,硫酸雾可能未被完全吸附,则应考虑设备存在低温腐蚀的风险。

3. 旋转电极除尘技术

旋转电极除尘器由前级常规电场和后级旋转电极电场组成。旋转电极电场中阳极部分采用回转阳极板和旋转清灰刷，附着于回转阳极板上的粉尘在尚未达到形成反电晕的厚度时，就被布置在非电场区的旋转清灰刷彻底清除了。旋转电极除尘技术的收尘原理与常规电除尘器相同。不同之处在于常规电除尘器常采用振打清灰，而旋转电极除尘器的收尘极可以上下移动，它是利用安装在灰斗中的旋转刷子刷掉被捕集的烟尘，保持阳极板清洁，避免反电晕，可清除高比电阻、黏性烟尘，最大限度地减少二次扬尘，详见图5-6。

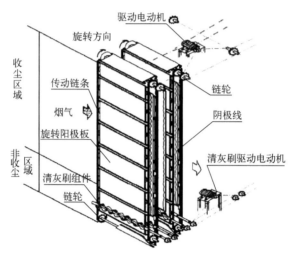

图 5-6　旋转电极除尘器的核心部件

旋转电极除尘技术具有小型化、占地小的优点，在场地条件受限的情况下，相对常规静电除尘工艺优势明显，但也存在结构较复杂，发生机械故障时无法进行在线检修等缺点。其末级采用旋转电极除尘，除尘效率可由常规电场的50%~70%提高到70%~90%，一个旋转电极电场的除尘效果相当于1.5~2.0个常规电场的除尘效果。根据浙江舟山电厂4号机组的运行情况来看，与常规静电除尘器相比，旋转电极除尘器的除尘效果好，一次投资略有增加，运行费用较低。浙江舟山电厂4号机组的旋转电极除尘设备已稳定运行超过800天，减排效果良好。

4. 湿式电除尘技术

湿式静电除尘器用于脱硫塔后烟道除尘。它与干式静电除尘器的不同之处在于用喷淋系统取代了振打系统，以达到更高的除尘效率及脱除$PM_{2.5}$、SO_3等污染物的目的。其除尘原理见图5-7。

湿式静电除尘器作为燃煤电厂近零排放控制系统的最终精处理装备，具有不受烟尘比电阻影响，没有二次扬尘以及可有效脱除$PM_{2.5}$、SO_3、石膏液滴及重金属等优势，但也存在投资较高、设备防腐要求较高等缺点。经湿法脱硫后的烟气湿度大，起晕电压更低、放电能力更强，颗粒表面易形成液膜，液膜中OH^-

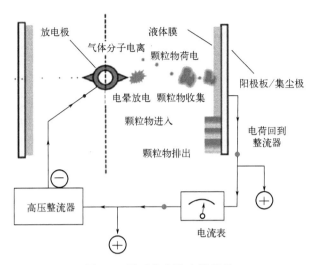

图 5-7　湿式静电除尘器原理

和 H^+ 会改变颗粒的荷电，有助于提高颗粒表面的荷电性能，实现细颗粒物的高效脱除。

根据极板材质，湿式电除尘器分为金属极板湿式电除尘器、导电玻璃钢极板湿式电除尘器和柔性极板湿式电除尘器；按布置方式，又可分为卧式湿式电除尘器和立式湿式电除尘器。不同极板材料的湿式电除尘器除尘机理基本相同，都属于静电除尘器，即通过阴阳极之间形成的电场使烟气中的粒子带电并将粒子吸附在极板上，但湿式电除尘器的阴阳极形式和清灰方式与普通电除尘器不同。湿式电除尘器由于含有水雾，烟气粒子比电阻较低，除尘效率高，对脱除 $PM_{2.5}$、SO_3 等细小颗粒具有明显效果。它可通过合理选择烟气流速和调整极板长度来实现颗粒物的高效脱除，除尘效率在 60%～90% 之间。常见的几种湿式电除尘器如下：

① 金属极板湿式电除尘器是国际主流的湿式电除尘技术，在美国、日本和欧洲有燃煤电厂应用案例。其极板材质多为 316L 不锈钢，阳极板采用平板结构，喷水清灰。该除尘器多为卧式布置，烟气水平进、水平出。金属极板湿式电除尘器配置有喷淋水循环系统，需要在冲洗水中加入氢氧化钠来调整 pH 值，以中和烟气中酸雾凝结形成的酸液，避免对极板造成腐蚀；喷淋水经过中和、过滤后，小部分进入脱硫补水，大部分回到喷淋系统继续循环。

② 导电玻璃钢极板湿式电除尘器在化工、冶金行业应用较多，也称为电除雾器。其阳极采用导电玻璃钢材料，因玻璃钢材料内添加有碳纤维毡、石墨粉等导电材料，自身可以导电；阴极线材料采用钛合金、超级双相不锈钢。该除尘器配置有水喷淋清灰系统，间断喷水清灰，冲洗后的液体直接进入脱硫浆液系统。其收尘板采用管式结构，多为立式布置，与脱硫塔分开单独布置时上进下出，与脱

硫塔合并布置时下进上出。

③ 柔性极板湿式电除尘器采用了有机合成纤维作极板材料，浸湿后具有导电性，可脱除烟气中的雾滴。其柔性阳极四周配有金属框架和张紧装置，框架材料采用不锈钢；阴极采用阴极线，位于每个方形孔道四个阳极面的中间，阴极线材料采用铅锑合金。该除尘器的电极无喷淋清灰系统，靠极板的全表面均匀水膜自流，细灰颗粒由酸液导流装置带出，经沉淀后进入脱硫浆液系统。柔性极板湿式电除尘器如采用管式结构，则立式布置，烟气上进下出；如采用板式结构，则卧式布置，烟气水平进出。

第三节 烟气脱硫技术

一、烟气脱硫技术的发展历程

20 世纪 60 年代以来，美国、德国、日本等开始了对烟气脱硫技术的大规模研究开发与应用。1973 年，中国环保机构正式成立，电力行业开始开展 SO_2 排放控制技术研究、小规模试验和工业锅炉示范。1993 年，中国开始引进国外烟气脱硫技术，重庆华能珞璜电厂从日本引进了石灰石-石膏湿法烟气脱硫技术。总的来看，中国的火电厂脱硫技术及产业发展可概括为 3 个阶段。

① 20 世纪 90 年代前，火电厂烟气脱硫的标准尚未出台，政策并不明朗，燃煤电厂主要采用国外技术进行烟气脱硫技术示范，国内专门从事脱硫技术、设备开发的公司较少，设备国产化程度低。

② 20 世纪 90 年代到 21 世纪初，国家对火电厂烟气脱硫的政策十分明朗，相关政策、法规及标准陆续出台，1991 年国家环保标准对火电厂 SO_2 排放做了要求，并在 1996 年和 2003 年进行了修订；国内脱硫公司迅速增多，烟气脱硫技术得到全面发展，石灰石-石膏湿法、海水脱硫法、旋转喷雾干燥法、炉内喷钙尾部烟气增湿活化法、活性焦吸附法、电子束法等烟气脱硫工艺在燃煤电厂得到了应用。

③ 2007~2011 年，国内很多在役机组已完成了加装烟气脱硫装置，脱硫市场主要针对新建机组。经过优胜劣汰，拥有自主知识产权的脱硫公司不断增加，设备国产化程度越来越高，脱硫工程造价大幅度下降。

2011 年以来，由于国家发布了最新环保标准，国内燃煤电厂有近零排放改造需要，脱硫技术再次得到发展和创新，技术指标进一步提高，运行能耗进一步降低。

具体历程如图 5-8 所示。

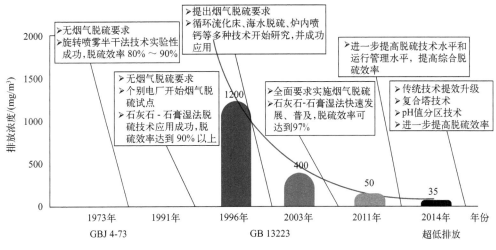

图 5-8　燃煤电厂 SO_2 排放限值与治理技术的发展

二、烟气脱硫技术的分类及特点

烟气脱硫技术（FGD）是当前应用最广、效率最高的脱硫技术，在今后一个相当长的时期内将是控制 SO_2 排放的主要方法。世界各国研究开发和商业应用的烟气脱硫技术估计超过 200 种。按脱硫剂和副产物的干湿形态，烟气脱硫可分为湿法、半干法和干法工艺，湿法 FGD 工艺占主流。烟气脱硫技术具体的分类及特点如表 5-2 所示。目前，在国内应用最多的是石灰石-石膏法、海水脱硫法和烟气循环流化床法。

表 5-2　烟气脱硫技术的分类及特点

脱硫技术类别	典型脱硫工艺	技术特点及应用领域
湿法	石灰石-石膏法脱硫、海水脱硫、氨法脱硫	技术成熟，脱硫效率高，应用广泛，是燃煤电厂最主要的脱硫技术
半干法	烟气循环流化床法、喷雾干燥法、炉内喷钙尾部加湿活化脱硫	相对湿法工艺，脱硫效率较低，在大型化机组上应用较少
干法	活性炭吸附脱硫、电子束脱硫	相对湿法工艺，脱硫效率较低，综合成本较高，在大型化机组上应用较少

三、烟气脱硫工艺的技术经济及环境指标

1. 脱硫效率

脱硫效率表示烟气脱硫装置脱硫能力的大小，是衡量脱硫系统技术经济性的

最重要指标。脱硫系统的设计脱硫效率为在锅炉正常运行中（包括各种负荷条件下和最差锅炉工况下），并注明在给定的钙硫摩尔比的条件下，所能保证的最低脱硫效率。脱硫效率除了取决于所用的工艺和系统外，还取决于排烟烟气的性质等因素。脱硫效率的计算公式为

$$\eta_{FGD} = \frac{C'_{SO_2} - C''_{SO_2}}{C'_{SO_2}} \times 100\% \tag{5-1}$$

式中 η_{FGD}——脱硫效率，%；

C'_{SO_2}——脱硫装置入口 SO_2 的平均质量浓度，mg/m^3；

C''_{SO_2}——脱硫装置出口 SO_2 的平均质量浓度，mg/m^3。

2. 钙硫摩尔比

从化学反应的角度来看，无论何种脱硫工艺，理论上只要有一个钙基吸收剂分子就可以吸收一个 SO_2 分子，或者说，脱除 1mol 的硫需要 1mol 的钙。但在实际反应设备中，反应的条件并不处于理想状态，因此，一般需要增加脱硫剂的量来保证吸收过程的进行。钙硫物质的量之比（Ca/S）用来表示达到一定脱硫效率时所需要的钙基吸收剂的过量程度。Ca/S 越高，钙基吸收剂的利用率则越低。钙硫物质的量之比由式（5-2）计算。

$$\frac{M_{Ca}}{M_S} = \frac{32}{100} \times \frac{M_{CaCO_3}}{M_S} \times \frac{G}{B} \tag{5-2}$$

式中 M_{CaCO_3}——石灰石中 $CaCO_3$ 含量的质量分数，%；

M_S——燃料中硫含量的质量分数，%；

G——实际加入的石灰石量，kg/h；

B——实际燃料消耗量，kg/h。

几种脱硫工艺的钙硫物质的量之比及脱硫效率的比较见表 5-3。

表 5-3 几种脱硫工艺的钙硫物质的量之比及脱硫效率

脱硫工艺	钙硫摩尔比	脱硫效率/%
湿法	1.1～1.2	>90
半干法	1.5～1.6	>85
干法	2.0～2.5	70

3. 脱硫装置的出力

工程上采用脱硫装置在设计的脱硫效率和钙硫摩尔比下所能连续稳定处理的烟气量来表示其出力，通常用折算到标准状态下每小时处理的烟气量（m^3/h）来表示。

4. 工程总投资和单位容量造价

工程总投资是指与烟气脱硫工程有关的固定资产投资和建设费用的总和。年均投资即工程总投资除以设备寿命年数。

单位容量造价是根据工程总投资计算的每千瓦机组容量平均的投资费用。

5. 年运行费用

烟气脱硫系统运行一年所产生的全部费用,包括脱硫剂等原材料的消耗费用、设备维修和折旧费、材料费、人员费用等。

6. 脱除每吨 SO_2 的成本

脱除每吨 SO_2 的成本是在烟气脱硫系统寿命期内所产生的一切费用与此期间的脱硫总量之比,可按式(5-3)计算,即

$$脱硫成本 = \frac{工程总投资 + 年运行费用 \times 寿命}{年脱硫量 \times 寿命} \tag{5-3}$$

7. 售电电价增加

因烟气脱硫系统的投用而导致的售电电价[元/(kW·h)]增加的计算式为

$$电价增加 = \frac{年运行费用(元)}{机组容量(kW) \times 24(h) \times 365 \times 锅炉可用系数} \tag{5-4}$$

8. 环境指标

脱硫系统可能产生的环境问题主要是废水和废渣等,某些脱硫工艺在脱硫剂制备过程中还可能产生噪声和粉尘等。

(1) 废水　几乎所有的湿法脱硫工艺均会产生废水,如湿法脱硫产物的脱水和浆液槽罐等设备的冲洗水等。脱硫废水的主要超标项目是 pH 值、COD、悬浮物及汞、铜、镍、锌、砷、氯、氟等。因此,在整体工艺中需考虑相应的废水处理措施。

(2) 固体废弃物　大部分脱硫工艺对脱硫副产品采用抛弃堆放等处理方式,这时要对堆放场的底部进行防渗处理,以防污染地下水;对表面进行固化处理,以防扬尘。

四、典型的烟气脱硫技术

1. 湿法脱硫技术

(1) 石灰石-石膏湿法烟气脱硫技术　中国的湿法脱硫技术经过几十年的发展已成熟。其中石灰石-石膏湿法烟气脱硫技术由于吸收剂来源广泛、煤种适应性强、价格低廉、副产物可回收利用等特点,是目前世界上技术最为成熟、应用最多的脱硫工艺,在美国、德国和日本等国约占电站脱硫装机总容量的90%,在国内燃煤电厂中占95%以上。石灰石-石膏湿法烟气脱硫技术工艺是采用石灰石或

石灰作为吸收剂，制备成浆液后喷入吸收塔内与烟气接触混合，烟气中的SO_2与浆液中的碳酸钙以及氧化空气进行化学反应，生成石膏，石膏浆液经脱水装置脱水后回收。国内脱硫市场竞争激烈，早期多数电厂的石灰石-石膏湿法烟气脱硫技术在烟气、温度流场分布、塔高、液气比等主要参数选取方面有较大优化空间，加上施工质量、运行维护等方面的原因，脱硫效率常在95%～98%之间。近年来随着技术发展，其脱硫效率已达到98%以上。

石灰石法或者石灰法的主要化学反应机理为

石灰石法：$SO_2+CaCO_3+\frac{1}{2}H_2O \longrightarrow CaSO_3 \cdot \frac{1}{2}H_2O+CO_2$

石灰法：$SO_2+CaO+\frac{1}{2}H_2O \longrightarrow CaSO_3 \cdot \frac{1}{2}H_2O$

由于烟气中还存在部分氧，或者向脱硫装置中鼓入空气时，部分已经生成的$CaSO_3 \cdot \frac{1}{2}H_2O$还会进一步氧化生成石膏：

$$2CaSO_3 \cdot \frac{1}{2}H_2O+O_2+3H_2O \longrightarrow 2CaSO_4 \cdot 2H_2O$$

石灰石-石膏湿法烟气脱硫（WFGD）系统的工艺流程见图5-9。其主要由石灰石浆液制备系统、烟气输送和热交换系统、SO_2吸收系统（包括浆液循环及氧化）、石膏处理系统、废水处理系统组成。

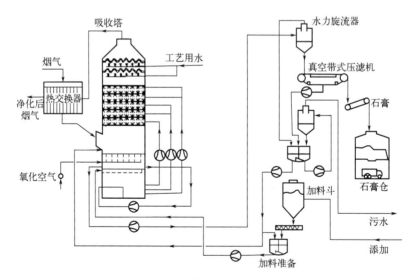

图5-9 石灰石-石膏湿法烟气脱硫系统的工艺流程

石灰石-石膏湿法烟气脱硫的主要优点是，技术成熟，运行可靠，系统可用率高（>95%）；已大型化，单塔处理烟气量达到1000MW机组容量；吸收剂利用率很高（90%以上），钙硫比较低（1.05左右），脱硫效率可大于95%；对锅炉负荷变化有良好的适应性，在不同的烟气负荷及SO_2浓度下，脱硫系统仍可保持较高的脱硫效率及系统稳定性。

（2）氨法脱硫技术　氨法烟气脱硫技术的原理是采用氨水作为脱硫吸收剂，氨水溶液中的NH_3和烟气中的SO_2反应，得到亚硫酸铵和硫酸铵。其化学反应式为

$$NH_3 + SO_2 + H_2O \longrightarrow NH_4HSO_3$$
$$NH_4HSO_3 + NH_3 \longrightarrow (NH_4)_2HSO_3$$

亚硫酸铵通过空气氧化，得到硫酸铵溶液，其化学反应式为

$$(NH_4)_2HSO_3 + \frac{1}{2}O_2 \longrightarrow (NH_4)_2HSO_4$$

硫酸铵溶液经蒸发结晶、离心机分离脱水、干燥器干燥后，可制得副产品硫酸铵。氨法烟气脱硫工艺的流程如图5-10所示。

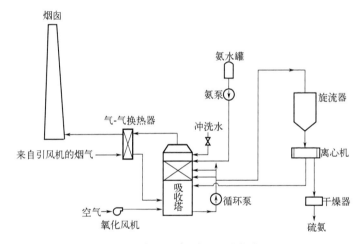

图5-10　氨法烟气脱硫工艺的流程

该工艺以氨水为吸收剂，副产品为硫酸铵。烟气经冷却器冷却至90～100℃，进入预洗涤器除去HCl/HF，洗涤后的烟气经过液滴分离器除去水滴后进入洗涤器脱除SO_2，脱除SO_2后的烟气经过换热器加热后从烟囱排放；反应生成的硫酸铵溶液，浓度约30%，可以直接作为液体氮肥出售，也可以通过加工处理成固体化肥出售。氨法脱硫效率较高，适用于中高硫煤，对硫含量较高的电厂更具有优势，但存在氨逃逸和气溶胶难控制等问题。氨法脱硫在德国曼海姆电厂、卡斯鲁尔电厂等中已得到应用，国内主要应用于国电宿迁热电有限公司和广西田东电厂135MW燃煤机组。

湿式氨法烟气脱硫的优点在于脱硫效率高达95%～99%；可将回收的SO_2和氨全部转化为硫酸铵化肥，实现了废物资源化；工艺流程短，系统装置占地面

积相比湿式钙法节省 50% 以上；脱硫塔的阻力小，大多无需新增风机，较常规脱硫技术可节电 50% 以上；运行成本随燃煤的含硫量增加而减小，尤其适合中高硫煤；无废渣废液排放，不产生二次污染；脱硫过程中形成的亚硫酸铵对 NO_x 具有还原作用，可同时脱除 20% 左右的氮氧化物。因此，氨法脱硫的应用呈上升趋势。但湿式氨法烟气脱硫技术也存在着一些问题，例如，吸收剂氨水价格高，脱硫系统设备腐蚀大；排气中的氨生成亚硫酸铵、硫酸铵和氯化铵等难以除去的气溶胶，造成氨损失、烟雾排放及副产品的稳定性等问题。

（3）海水脱硫技术　海水烟气脱硫工艺按是否添加其他化学物质可分为两类：一类是直接用海水作为吸收剂，不添加任何化学物质，是目前较多选用的海水脱硫方式；另一类是向海水中添加一定量的石灰，以调节吸收液的碱度。

烟气中的 SO_2 被海水吸收生成亚硫酸氢根离子（HSO_3^{2-}）和氢离子（H^+），HSO_3^{2-} 与氧（O_2）反应生成硫酸氢根离子（HSO_4^{2-}），HSO_4^{2-} 与 HCO_3^- 反应生成稳定的硫酸根离子及易于吹脱的 CO_2 和水。最终反应生成的 CO_2 通过曝气方式强制吹脱，使海水中的 CO_2 浓度降低，恢复脱硫海水中的 pH 值和含氧量，同时降低化学需氧量（chemical oxygen demand, COD），并达到排放标准后排入大海。海洋作为缓冲体系，可使该区域的 pH 恢复成碱性。海水脱硫总的方程式为

$$SO_2 + \frac{1}{2}O_2 + 2HCO_3^- \longrightarrow SO_4^{2-} + H_2O + 2CO_2 \uparrow$$

海水烟气脱硫工艺的流程如图 5-11 所示。其主要由烟气系统、SO_2 吸收系统、海水供应系统、海水水质恢复系统组成。

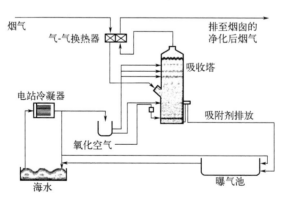

图 5-11　海水烟气脱硫工艺的流程

海水脱硫技术既达到了烟气脱硫的目的，又不影响海洋生态。海水脱硫技术具有脱硫效率高、工艺简单、运行可靠性高、不需额外消耗淡水等特点。由于不

需要向海水中添加任何化学添加剂，也不会产生额外的污染物，不存在废弃物处理、设备结垢堵塞等问题。海水脱硫技术存在地理位置的局限性，主要应用于沿海电厂，一般要求海域 pH 在 7.8~8.3 之间，天然碱度为 2.2~2.7mg/L，燃料硫含量在 1% 以下。海水脱硫技术在印度、西班牙、英国等国的大型燃煤电厂得到了应用，国内青岛发电厂 4 台 300MW 机组、浙江舟山电厂 4 号 350MW 机组、福建漳州后石电厂 4 台 600MW 机组等采用海水法脱硫工艺产生了良好的环保和社会效应。

2. 半干法脱硫技术

（1）循环流化床烟气脱硫技术　根据脱硫剂的制备方法和送入循环流化床（CFB）反应器的方式，循环流化床烟气脱硫技术的工艺系统可分为两种类型：一种是将石灰干粉和水分别经喷嘴送入反应器内，另一种是将石灰制成浆液直接经雾化喷嘴送入循环流化床反应器内，分别如图 5-12 和图 5-13 所示。

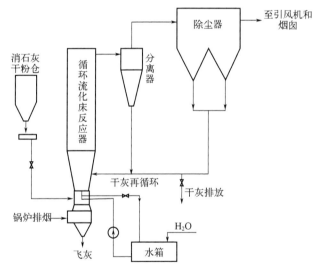

图 5-12　循环流化床烟气脱硫流程（石灰粉）

CFB-FGD 工艺由吸收剂添加系统、循环流化床反应器、分离器以及自动控制系统组成。CFB 反应器底部为布风装置（布风板或文丘里管），反应器下部密相区布置有石灰浆（或石灰粉）喷嘴、加湿水喷嘴、返料口等，反应器上部为过渡段和稀相区。CFB 反应器的出口为旋风分离器，分离器下部为立管和回料装置，用来分离反应器循环物料，并送回循环流化床反应器。

锅炉空气预热器出口的烟气从布风装置进入 CFB 反应器，烟气同时作为 CFB 的流化介质，维持循环流化状态。新鲜石灰浆（或干石灰与水）通过布置在反应器中央的两相流嘴（或单独喷嘴）并由压缩空气雾化后进入反应器，与流化床中

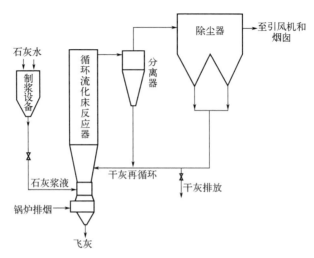

图 5-13 循环流化床烟气脱硫流程（石灰浆）

的颗粒（灰粒等）充分混合。在 CFB 反应器内，SO_2、SO_3 及其他有害气体如 HCl 和 HF 与脱硫剂反应。反应产物由反应器上部出去，经分离器分离下来的固体颗粒返回 CFB 反应器进行循环，其中未完全反应的脱硫剂经过多次循环，延长了脱硫反应时间，提高了脱硫剂的利用率。工艺水用喷嘴喷入吸收塔下部，以增加烟气湿度、降低烟气温度，使反应温度尽可能接近水露点温度，从而提高脱硫效率。从分离器出来的烟气及少量细颗粒进入除尘器进行最后除尘。除尘后的烟气温度为 70~75℃，不必加热即可经过烟囱排入大气。

CFB-FGD 反应器系统内的主要化学反应如下，生成亚硫酸钙和硫酸钙等干态产物。

$$Ca(OH)_2 + SO_3 \longrightarrow CaSO_4 \cdot \frac{1}{2}H_2O + \frac{1}{2}H_2O$$

$$CaSO_3 + \frac{1}{2}O_2 \longrightarrow CaSO_4$$

在进行脱硫反应的同时，还可以脱除其他有害气体（如 HCl 和 HF 等），即

$$Ca(OH)_2 + 2HCl \longrightarrow CaCl_2 + 2H_2O$$

$$Ca(OH)_2 + 2HF \longrightarrow CaF_2 + 2H_2O$$

如果采用兼有脱氮功能的吸收剂，则还可以在同一 CFB 反应器内完成联合脱硫脱氮过程。为了维持 CFB 反应器内的合理物料存有量，总要连续排出相当于脱硫剂给料量的灰渣至灰场。

(2) 喷雾干燥法脱硫技术　喷雾干燥法脱硫技术是以石灰作为脱硫吸收剂。在吸收塔内，吸收剂与烟气中的 SO_2 混合接触，反应生成 $CaSO_3$，部分未反应的

吸收剂和脱硫产物随烟气进入除尘器脱除。喷雾干燥法烟气脱硫工艺根据所用的喷雾雾化器形式不同可分为两类，即旋转喷雾干燥脱硫和气液两相流喷雾干燥脱硫。目前，已经投入商业化运行的以旋转喷雾干燥脱硫工艺为多。

旋转喷雾干燥脱硫系统由脱硫剂灰浆配置系统、SO_2 吸收和吸收剂灰浆蒸发系统、收集飞灰和副产品的粉尘处理系统组成，如图 5-14 所示。吸收塔内发生的主要化学反应为

$$Ca(OH)_2 + SO_2 \longrightarrow CaSO_3 \cdot \frac{1}{2}H_2O + \frac{1}{2}H_2O$$

$$Ca(OH)_2 + SO_3 \longrightarrow CaSO_4 \cdot \frac{1}{2}H_2O + \frac{1}{2}H_2O$$

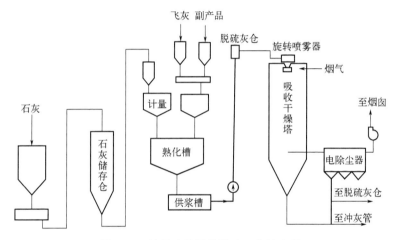

图 5-14　旋转喷雾干燥脱硫工艺的流程

由于在该工艺过程中，脱硫产物的氧化不彻底，从除尘器收集下来的粉尘主要是含亚硫酸钙的脱硫灰，一般采用抛弃法，通过电厂的除灰系统排入灰场。

喷雾干燥法脱硫技术在美国、西欧等地的 300MW 机组中有一定应用，在国内大型燃煤发电机组上应用较少。目前，丹麦正在开发吸收剂可再生的喷雾干燥脱硫工艺。用氧化镁作吸收剂，生成的亚硫酸镁已在高温流化床中成功实现再生，再生后的吸收剂活性不但没有失去，反而有所提高。中国于 1990 年 1 月在四川白马电厂建成了烟气量为 70000m^3/h 的中试装置，当进口 SO_2 浓度为 3000mL/m^3，钙硫比为 14 时脱硫效率可达 80％以上。1994 年，山东黄岛电厂采用日本技术安装了旋转喷雾干燥脱硫装置。

喷雾干燥法脱硫工艺技术成熟、工艺流程简单，但存在雾化喷嘴结垢、堵塞与磨损以及吸收塔内壁面上结垢等问题，旋转喷雾装置的损伤和破裂会影响脱硫效率。其脱硫效率多在 85％～95％之间。喷雾干燥法烟气脱硫工艺的脱硫效率虽

然没有湿法烟气脱硫高，但它不必处理大量废水，可使系统简化，降低造价。由于其排烟温度高于烟气酸露点温度，以及该脱硫工艺几乎可以吸收烟气中所有的 SO_2，因此，不需要对脱硫后的烟气管道、引风机和烟囱做特殊的防腐处理。

(3) 炉内喷钙尾部增湿活化脱硫技术　炉内喷钙尾部增湿活化脱硫技术是在炉内喷钙脱硫工艺的基础上，在锅炉的尾部增设增湿段，以提高脱硫效率。吸收剂石灰石粉由气力喷入炉膛 850～1150℃ 的区域，$CaCO_3$ 受热分解并与烟气中的 SO_2 和少量 SO_3 反应生成 $CaSO_3$ 和 $CaSO_4$。反应在气固两相之间进行，反应速率较慢，吸收剂利用率较低。在位于尾部烟道适当部位（一般在空气预热器和除尘器之间）的增湿活化反应器内，雾状增湿水与炉内未反应的 CaO 反应生成 $Ca(OH)_2$，进一步吸收 SO_2，系统的总脱硫率可达到 75% 以上。增湿水由于吸收烟气热量而被迅速蒸发，未反应的吸收剂、反应产物呈干燥态随烟气排出，被除尘器收集。对除尘器捕集的部分物料加水制成灰浆喷入活化器增湿活化，可使系统的总脱硫率提高到 85%。炉内喷钙尾部增湿活化脱硫工艺的流程如图 5-15 所示。

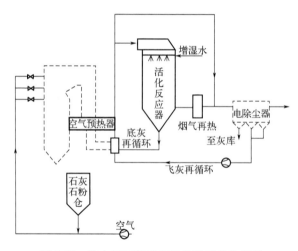

图 5-15　炉内钙尾部增湿活化脱工艺的流程

炉内喷钙尾部增湿活化脱硫工艺实际上由炉内和炉后活化反应器内的两次脱硫过程组成，其各自的化学反应过程如下。

① 炉内脱硫剂热解并脱硫。喷入炉内的石灰石粉在炉膛中 850～1150℃ 的区域煅烧分解为氧化钙和二氧化碳，氧化钙与烟气中的 SO_2 反应生成硫酸钙，即

$$CaCO_3 \longrightarrow CaO + CO_2$$

$$CaO + SO_2 + \frac{1}{2}O_2 \longrightarrow CaSO_4$$

通常，钙基吸收剂（主要是 $CaCO_3$）在烟气温度高于 1200℃ 的区域内，发生

热解所生成的 CaO 会被烧僵，化学反应活性变得很差，能得到的脱硫效率很低（20%以下）。

② 尾部活化反应器内增湿水脱硫。

$$CaO + H_2O \longrightarrow Ca(OH)_2$$

$$Ca(OH)_2 + SO_2 \longrightarrow CaSO_3 \cdot \frac{1}{2}H_2O + \frac{1}{2}H_2O$$

$$Ca(OH)_2 + SO_2 + \frac{1}{2}O_2 \longrightarrow CaSO_4 + H_2O$$

炉内喷钙尾部增湿活化脱硫工艺系统简单、脱硫费用低，适用于老锅炉的改造，但脱硫效率不高。国内南京下关电厂（2×125MW）和钱清电厂（125MW）分别采用了这种工艺。另外，此工艺脱硫过程中吸收剂的利用率较低，脱硫副产物中 $CaSO_3$ 含量较高，其综合利用受到一定限制。

3. 干法脱硫技术

活性炭吸附法烟气脱硫工艺是采用活性炭对烟气中的 SO_2 进行吸附，吸附过程中伴随着物理吸附和化学吸附。由于活性炭表面对 SO_2 和 O_2 的反应有催化作用，当烟气中存在氧气和水蒸气时，化学反应非常明显。吸附 SO_2 的活性炭通常采用洗涤或加热方法再生。其脱硫产物为硫酸或硫磺，可以回收利用，但普通的工业活性炭对 SO_2 的吸附容量有限，吸附剂磨损大，设备较为庞大，综合成本较高，在大型燃煤电厂应用很少。电子束脱硫工艺的流程包括烟气预除尘、冷却、喷氨、电子束照射和副产品捕集。电子束脱硫技术不产生废水废渣，能同时脱硫脱硝，其副产品硫酸铵与硝酸铵可做化肥。但由于电子束脱硫技术尚不成熟，综合成本较高，在国内外大型燃煤机组上应用较少。

五、SO_2 近零排放关键技术

近年来，国内研究开发了活性焦干法脱硫脱硝一体化和活性分子湿法脱硫脱硝一体化等技术，但综合成本仍然较高。从技术成熟度、脱硫效果、技术经济指标等因素综合分析，大型燃煤电厂实现 SO_2 近零排放，仍主要采用高效的石灰石-石膏湿法脱硫和海水脱硫技术。

（1）高效石灰石-石膏湿法脱硫技术　为进一步提高脱硫效率，在传统石灰石-石膏湿法脱硫的基础上，国内研究开发了单塔强化吸收、双循环、托盘、旋汇耦合等脱硫技术，脱硫效率均超过 98%，并在国内大型燃煤机组完成了工程应用。

① 对于单塔强化吸收脱硫技术，主要通过喷淋层优化设计，增加塔内构件，提高吸收塔内的浆液喷淋密度，增加浆液循环量，从而增大气液传质表面积，强化 SO_2 吸收效果。神华国华电力研究院开发了具有自主知识产权的单塔强化吸收

脱硫技术，应用于河北三河、定州等燃煤电厂，实现了 SO_2 排放浓度低于 $20mg/m^3$。

② 双循环脱硫技术分为单塔双循环和双塔双循环。单塔双循环脱硫是将一个吸收塔分为上下两段，使两段吸收处在不同的 pH 值下，具有较高的脱硫效率和石灰石利用率。双塔双循环技术是烟气先后通过两个串联的喷淋空塔完成脱硫过程。两个吸收塔中都设置了喷淋层、氧化空气分布系统、氧化浆液池。两塔串联运行，共同脱硫，效率高，适合高硫煤，但系统复杂，占地较大，阻力大，投资高。单塔脱硫系统与双塔脱硫系统相比，具有投资低、占地小、安装简便等优点，适合预留空间小、现场位置有限的脱硫技术改造项目。对于硫含量＜1.25%的煤质，采用单塔脱硫系统基本满足需要；当煤种的硫含量＞1.25%或煤质变化较大时，要达到近零排放要求，则需要更高的脱硫效率，可采用双塔脱硫技术。

③ 托盘脱硫技术是在脱硫喷淋空塔的基础上设置了一层多孔托盘塔板，当气体通过时，气液接触更充分，提高了吸收剂的利用率。同时，托盘可以提高石灰石的溶解量，利用托盘上浆液 pH 值的差异，增强 SO_2 的吸收。在单托盘技术的基础上，B&W 公司还开发了双托盘技术。双托盘可以在更高的脱硫效率和更低的 SO_2 排放浓度方面发挥作用。其显著特点是烟气分布均匀，气液接触面积大，在保证脱硫效率的情况下，可降低液气比，节约能耗。

④ 湿法旋汇耦合脱硫技术中，首先烟气通过旋汇耦合装置与浆液产生可控的湍流空间，提高气液固三相传质速率，完成一级脱硫除尘，同时实现快速降温及烟气均布；然后烟气继续经过高效喷淋系统，实现 SO_2 的深度脱除及粉尘的二次脱除；最后烟气进入管束式除尘除雾装置，在离心力作用下，雾滴和粉尘最终被壁面的液膜捕获，实现粉尘和雾滴的深度脱除。该技术在河南孟津、河北三河等电厂得到了应用，在实现高效脱硫的同时，有效降低了烟尘排放浓度。

(2) 高效海水脱硫技术　为进一步提高海水脱硫的效率，增加吸收塔内的喷淋水流量，加大吸收塔径减缓烟气流速以增加气液接触时间，同时优化曝气风机选型和曝气管网设计，增强曝气管曝气孔的密度。浙江舟山电厂的 4 号机组采用了高效海水脱硫工艺，SO_2 排放质量浓度达到 $2.76mg/m^3$，脱硫系统用电率在 0.7%～1.2%之间，低于湿法脱硫用电率 1.0%～1.5%，经济和环保效益良好。由于海水脱硫工艺不存在石膏液滴的携带问题，因此具有良好的粉尘协同脱除效果。浙江舟山电厂的 4 号机组采用海水脱硫技术后，烟尘排放质量浓度从 $16.53mg/m^3$ 降至 $10.3mg/m^3$，烟尘协同脱除效率约为 38%。因此，对于滨海电厂开展近零排放工程实践，在煤质、海水水质、环境影响评估等外部条件具备的情况下，可优先选择海水脱硫工艺。

第四节 烟气脱硝技术

一、烟气脱硝技术的发展历程

火电厂NO_x控制的历程较短,无论是1996版还是2003版的《火电厂大气污染物排放标准》中,对NO_x的控制原则都是基于低氮燃烧技术能达到的排放水平来制定的,但随着减排压力的日益增大,特别是NO_x被列为约束性控制指标,在控制要求上发生了实质性的变化。

作为主要的NO_x排放源之一,从2008年起,大批同步新建和改造加装的火电厂烟气脱硝设施投入运行,我国火电烟气脱硝机组快速增加,从占总装机容量的1%增长到了2011年末的18%。其中97%采用SCR技术,其余3%采用SNCR技术。烟气脱硝技术快速发展和市场化运行为实现达标排放提供了有力的技术支撑。2018年底,已投运火电厂烟气脱硝机组容量10.6亿kW,占全国火电机组容量的92.6%。不同阶段NO_x排放浓度限值与治理技术的发展见图5-16。

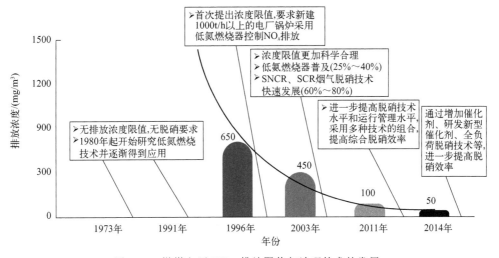

图5-16 燃煤电厂NO_x排放限值与治理技术的发展

二、典型的烟气脱硝技术

1. 烟气脱硝技术分类及特点

目前已开发和研制的烟气脱硝技术有50多种,大致可以归纳为干法烟气脱硝和湿法烟气脱硝两大类。表5-4为烟气脱硝技术的分类及特点。

表 5-4 烟气脱硝技术的分类及特点

脱硝技术类别	典型脱硝技术	技术特点及应用领域
干法脱硝	SCR	技术成熟,脱硝效率高,在燃煤电厂应用最广泛
	SNCR	技术相对成熟,脱硝效率低,在大型燃煤机组上应用较少
	SNCR/SCR	脱硝效率高,综合成本较高,在大型燃煤机组上应用较少
湿法脱硝	气相氧化液相吸收法	效率虽然很高,但系统复杂,氧化和吸收剂费用较高,而且用水量大,并会产生水的污染问题,因此,在燃煤锅炉上很少采用
	液相氧化吸收法	

(1) 干法脱硝技术 干法烟气脱硝技术是用气态反应剂使烟气中的 NO_x 还原为 N_2 和 H_2O。干法烟气脱硝主要有 SCR（选择性催化还原法）、SNCR（选择性非催化还原技术）以及 SNCR/SCR 联合脱硝技术。其中，SCR 是燃煤电厂应用最广泛的烟气脱硝技术。近年来，随着技术的发展，SCR 的脱硝效率已超过 85%，通过与低氮燃烧技术结合，能够满足燃煤电厂的发展需要。对于燃烧无烟煤或劣质煤的锅炉，由于炉膛出口的 NO_x 浓度较高，采用 SNCR/SCR 联合脱硝技术同样可以实现 NO_x 的近零排放。其他干法烟气脱硝技术还有氧化铜法、活性炭法等。干法烟气脱硝的主要特点为：反应物质是干态，多数工艺需要采用催化剂，并要求在较高温度下进行，无需加热。

(2) 湿法脱硝技术 由于锅炉排烟中的 NO_x 主要是 NO，而 NO 极难溶于水，因此，采用湿法脱除烟气中的 NO_x 时，不能像脱除 SO_2 一样采用简单的直接洗涤方法进行吸收，必须先将 NO 氧化为 NO_2，然后用水或其他吸收剂进行吸收脱除。所以，湿法烟气脱硝工艺的过程要比湿法烟气脱硫工艺复杂得多。湿法烟气脱硝工艺过程包括氧化和吸收，并反应生成可以利用或无害的物质，因此，必设置烟气氧化、洗涤和吸收装置，工艺系统比较复杂。湿法烟气脱硝大多具有同时脱硫的效果。

湿法烟气脱硝工艺主要有气相氧化液相吸收法、液相氧化吸收法等。由于该工艺是局部或全部过程在湿态下进行，需使烟气增湿降温，因此，一般需将脱硝后的烟气除湿和再加热后经烟囱排放至大气。

2. 选择性催化还原烟气脱硝技术

(1) SCR 反应机理 SCR 脱硝技术是国际上应用最多、技术最成熟的一种烟气脱硝技术。20 世纪 90 年代，中国的燃煤电厂开始应用烟气 SCR 技术。1999 年，SCR 脱硝装置首次应用于国内 600MW 燃煤机组。随着环保标准日益严格，国内 SCR 脱硝技术得到快速发展。SCR 烟气脱硝技术是在烟气中加入还原剂

（最常用的是氨和尿素），在一定温度下，还原剂与烟气中的 NO_x 反应，生成无害的氮气和水。在氨选择催化反应过程中，NH_3 可以选择性地与 NO_x 发生反应，而不是被 O_2 氧化，因此，该反应被称为"选择性催化还原反应"。其主要反应式如下：

$$4NO + 4NH_3 + O_2 \longrightarrow 4N_2 + 6H_2O$$

$$6NO + 4NH_3 \longrightarrow 5N_2 + 6H_2O$$

$$2NO_2 + 4NH_3 + O_2 \longrightarrow 3N_2 + 6H_2O$$

$$6NO_2 + 8NH_3 \longrightarrow 7N_2 + 12H_2O$$

烟气中的大部分 NO_x 均以 NO 的形式存在，NO_2 约占 5%，影响并不显著。所以，反应以前两式为主。由于氨具有挥发性，很有可能逃逸。此外，在反应条件改变时，还可能发生氨的氧化反应：

$$4NH_3 + 3O_2 \longrightarrow 2N_2 + 6H_2O$$

$$2NH_3 \longrightarrow N_2 + 3H_2$$

$$4NH_3 + 5O_2 \longrightarrow 4NO + 6H_2O$$

$$2NH_3 + 2O_2 \longrightarrow N_2O + 3H_2O$$

由于反应温度的改变，SCR 催化剂同时也会将烟气中的 SO_2 氧化为 SO_3，生成的 SO_3 与逃逸的氨继续发生如下副反应：

$$SO_2 + \frac{1}{2}O_2 \xrightarrow{\text{催化剂}} SO_3$$

$$NH_3 + SO_3 + H_2O \longrightarrow NH_4HSO_4$$

$$2NH_3 + SO_3 + H_2O \longrightarrow (NH_4)_2SO_4$$

$$SO_3 + H_2O \longrightarrow H_2SO_4$$

实际使用时，催化剂基本都是以 TiO_2 为载体，以 V_2O_5 为主要活性成分，以 WO_3、MoO_3 为抗氧化、抗毒化辅助成分。催化剂形式可分为三种：板式、蜂窝式和波纹板式。其中板式和蜂窝式应用较多，波纹板式应用较少。

（2）SCR 布置位置　SCR 反应器可以安装在锅炉之后的不同位置，一般有 3 种情况，即高温高尘、高温低尘及低温低尘布置，见图 5-17。

① 高温高尘布置方式是将 SCR 反应器布置在省煤器和空气预热器之间。其优点是催化反应器处于 300~400℃ 的温度区间，有利于反应的进行。但是，由于催化剂处于高尘烟气中，条件恶劣，磨刷严重，寿命将会受到影响。

② 高温低尘布置方式是将 SCR 反应器布置在空气预热器和高温电除尘器之间。该布置方式可防止烟气中的飞灰对催化剂的污染和对反应器的磨损与堵塞。其缺点是在 300~400℃ 的高温下，电除尘器运行条件差。

③ 低温低尘布置（或称尾部布置）方式是将 SCR 反应器布置在除尘器和烟

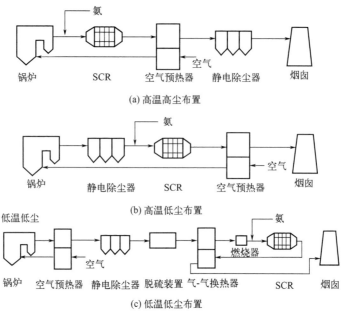

图 5-17 SCR 反应器的布置方式

气脱硫系统之后。该布置方式催化剂不受飞灰和 SO_2 的影响,但由于烟气温度较低,仅为 50~60℃,一般需要用 GGH(烟气换热器)或燃烧器将烟气升温,能耗和运行费用增加。

由于省煤器与空气预热器之间的烟气温度刚好适合 SCR 脱硝还原反应,氨被喷射到省煤器与 SCR 反应器间烟道内的适当位置,使其与烟气充分混合后在反应器内与 NO_x 反应,脱硝效率可达 80% 以上,因此,高温高尘布置是目前应用最广泛的布置方式。

(3) SCR 工艺流程 SCR 系统一般由氨储存系统、氨/空气喷雾系统、催化反应器系统、省煤器旁路、SCR 旁路、检测控制系统等组成。首先,液氨由液氨罐车运送到液氨储罐,输出的液氨经蒸发器蒸发成氨气,然后将其加热到常温后送入氨缓冲槽中备用。运行时,将缓冲槽中的氨气减压后送入氨/空气混合器中,与空气混合后进入烟道内的喷氨格栅,氨气在混合气体中的体积含量约为 5%。氨气喷入烟道后通过静态混合器与烟气充分混合,继而进入到 SCR 反应器中。其工艺流程如图 5-18 所示。

SCR 系统的影响因素较多,主要影响因素包括烟气温度、烟尘和 NO_x 浓度、逃逸氨浓度限制、SO_2 氧化率、烟道空间及尺寸等。SCR 系统反应温度越高,氧化反应越明显。除温度外,NO_x 和 NH_3 浓度也对反应过程有影响。当 NO_x 和 NH_3 浓度低的时候,反应相当缓慢;在有效反应温度条件下,停留时间长,会产

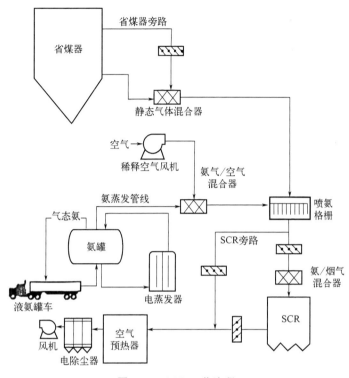

图 5-18　SCR 工艺流程

生更好的 NO_x 还原效果。由于脱硝催化剂的不断发展和创新，目前商业运行的 SCR 系统脱硝效率可达 85% 以上。

3. 选择性非催化还原烟气脱硝技术

（1）SNCR 工艺流程　20 世纪 70 年代中期，SNCR 技术在日本的一些燃油、燃气电厂中开始得到工业应用，80 年代末欧盟国家部分燃煤电厂也开始了 SNCR 技术的工业应用，美国于 90 年代初开始了 SNCR 技术在燃煤电厂的工业应用。中国近年来也开展了 SNCR 技术研究和工程应用。由于 SNCR 烟气脱硝效率约为 20%～40%，随着环保要求的提高，单独依靠 SNCR 工艺已不能满足 NO_x 排放要求，SNCR 工艺多与 SCR 工艺联合应用。典型的 SNCR 系统由还原剂储槽、还原剂喷枪以及相应的控制系统组成，如图 5-19 所示。因为 SNCR 系统不需要催化剂，所以其初始投资相对于 SCR 工艺来说要低得多，运行费用与 SCR 工艺相当。

SNCR 工艺的 NO_x 脱除效率主要取决于反应温度、还原剂在最佳温度窗口的停留时间、混合程度、NH_3 与 NO_x 的摩尔比等。SNCR 法的还原剂可以是 NH_3、尿素或其他氨基，还原剂喷入炉内与 NO_x 进行反应生成 N_2。但在用尿素作还原剂的情况下，其 N_2O 的生成概率要比用氨作还原剂大得多，可能会有高

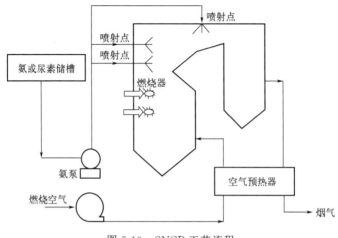

图 5-19　SNCR 工艺流程

至 10% 的 NO_x 转变为 N_2O。这是因为尿素可分解为 HNCO，HNCO 又可进一步分解生成 NCO，而 NCO 可与 NO 进行反应生成氧化亚氮。

$$NCO + NO \longrightarrow N_2O + CO$$

通常可以通过比较精确的操作条件控制而达到削减 NO 生成的目的。另外，如果操作条件未能控制到优化的状态，也可排放出大量的 CO。

SNCR 工艺的反应温度常在 850～1100℃ 之间。当反应温度过高时，氨的分解将降低 NO_x 还原率；反应温度过低时，氨逃逸增加，也会降低 NO_x 还原率。SNCR 系统的氨逃逸不仅会使烟气飞灰沉积在锅炉尾部受热面上，而且烟气中的 NH_3 遇到 SO_3 会生成 NH_4HSO_4，易造成空气预热器堵塞，并有腐蚀的危险。

(2) 典型的 SNCR 系统　SNCR 系统依据其还原剂的类型，可以分为采用尿素作为还原剂的 SNCR 系统、采用液氨作为还原剂的 SNCR 系统以及采用氨水作为还原剂的 SNCR 系统。

① 采用尿素作为还原剂的 SNCR 系统。以尿素为还原剂的 SNCR 工艺原理见图 5-20。首先尿素被溶解制备成浓度为 50% 的尿素浓溶液；然后尿素浓溶液经输送泵输送至炉前计量分配系统之前，与稀释水系统输送过来的水混合，被稀释为 5%～10% 的尿素稀溶液；最后尿素稀溶液经过计量分配装置的精确计量分配至每个喷枪，经喷枪喷入炉膛，进行脱除 NO_x 反应。通常按模块可将以尿素为还原剂的 SNCR 工艺过程划分为供应循环模块、计量模块、分配模块、稀释水模块等。

以尿素为还原剂的 SNCR 烟气脱硝过程由以下四个基本过程完成：固体尿素的接收和储存还原剂；还原剂的溶解、储存、计量输出及水混合稀释；在锅炉合适位置喷入稀还原剂；还原剂与烟气混合进行脱硝反应。

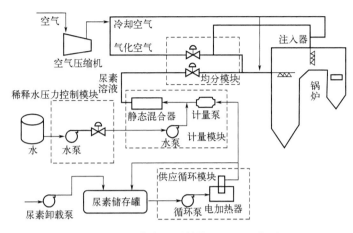

图 5-20 以尿素为还原剂的 SNCR 工艺原理

② 采用液氨作为还原剂的 SNCR 系统。以液氨为还原剂的 SNCR 工艺原理见图 5-21。纯氨系统含有储氨罐，用于存储液氨。氨罐槽车将液氨运送至工厂内，通过卸载管线进行卸氨。储氨罐和氨蒸发器构成一个循环回路，通过加热液氨使其蒸发后回到储氨罐，维持其上部氨蒸气的量。氨蒸气从储罐顶部抽出，经过调压后送往锅炉脱硝。为了保证喷入的氨气有足够的穿透力，需要使用特殊的氨气喷枪，确保足够的氨气动量。根据布置在系统出口处的连续检测装置测得的

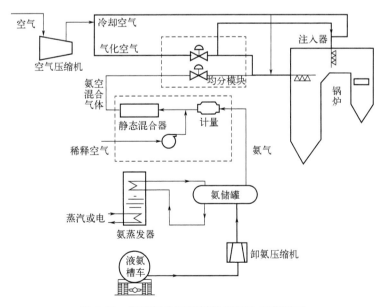

图 5-21 以液氨为还原剂的 SNCR 工艺原理

排放数据来控制从氨储罐抽出的氨蒸气量。在氨蒸气被喷入炉膛之前用空气将其稀释为浓度小于10%的混合物（一般为5%～10%）。氨和空气的流量都由流量计测量监视，通过适合的控制阀来实现精确控制。

以液氨为还原剂的SNCR烟气脱硝过程由以下四个基本过程完成：液氨的接收和储存还原剂；还原剂的蒸发及空气混合稀释；在锅炉合适位置喷入稀释后的还原剂；还原剂与烟气混合进行脱硝反应。

③ 采用氨水作为还原剂的SNCR系统。目前，国内氨水采购的浓度为25%，而燃煤锅炉氨水SNCR工艺的还原剂使用20%左右浓度的氨水，因此使用时首先对氨水进行稀释，后续工艺则和尿素SNCR工艺基本相同。氨水SNCR脱硝系统由氨水卸载系统、存储系统、计量系统、分配系统及氨水泵等构成，见图5-22。将水溶氨储存在储罐中并保持常温常压，用泵将其从储罐送到喷嘴处喷入炉内即可使用；在喷嘴处用压缩空气来雾化水溶氨，用控制阀组来调节喷嘴的流量。当不需要喷水溶氨时用空气对系统进行吹扫。氨水溶液运输和处理方便，不需要额外的加热设备或蒸发设备，但SNCR的氨水浓度较小，所以氨水的运输成本及储罐系统容量较大。以氨水为还原剂的SNCR烟气脱硝过程由以下四个基本过程完成：氨水的接收和储存还原剂；还原剂的泵送及计量；在锅炉合适位置喷入稀释后的还原剂；还原剂与烟气混合进行脱硝反应。

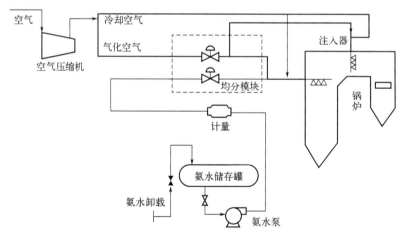

图5-22　以氨水为还原剂的SNCR工艺原理

三、宽负荷脱硝技术

目前国内外煤粉锅炉的NO_x减排技术主要采用炉内低氮燃烧＋选择性催化还原法（SCR）的组合方案，已实现NO_x排放质量浓度小于$35mg/m^3$。通过锅炉空气分级低氮燃烧技术研究和实践，神华集团已在燃用神华煤的 600MW 亚临界机组实现了锅炉省煤器出口 NO_x 排放浓度低于 $120mg/m^3$。从技术发展来看，若要进一步降低锅炉 NO_x 排放，现有低氮燃烧技术的发展空间并不大，需要在气化和再燃等方面进行技术创新和突破。SCR 脱硝技术在国内大容量机组上应用广泛，通过增加催化剂层数，可在高负荷下实现 85% 以上的脱硝效率，但在低负荷下 SCR 的脱硝效率降低，氨逃逸增加，如何实现机组宽负荷脱硝是关键。此外，开发宽温度窗口无毒催化剂、降低氨逃逸、保持催化剂活性以及催化剂再生和无害化处理将是研究重点。

低负荷下 SCR 系统烟气温度较低，难以实现 NO_x 高效脱除，需要进行改造，实现脱硝系统在最低稳燃负荷以上正常投运，即实现宽负荷脱硝。主要改造方案有配置 0 号高加提高给水温度、省煤器入口加装旁路烟道、设置省煤器水侧旁路、进行分级省煤器布置等四种，分别介绍如下：

① 配置 0 号高加提高给水温度。通过配置 0 号高加来提高给水温度，进而改善省煤器出口烟温。通过对汽轮机主蒸汽进行减温减压处理来对给水进行预加热，需同时考虑汽源、锅炉再热器及设备布置和管路设计等问题。其优点在于改造工作量小，特别适合用于烟温调节量较小（小于 10℃）的电厂。其缺点是给水温度不能无限制提高，否则会影响锅炉的安全性、经济性。

② 省煤器入口加装旁路烟道。在省煤器进口烟道上抽部分烟气至 SCR 入口处，确保低负荷时，SCR 入口处烟气温度在 320℃ 以上。该方案投资相对较低，但稳定性较差，若长期不在低负荷运行，可能会导致积灰、卡涩等问题。同时，由于排烟温度升高，降低了机组经济性。

③ 设置省煤器水侧旁路。在省煤器进口集箱前设置调节阀和连接管道，将部分给水短路，通过减少给水在省煤器中的吸热量来提高省煤器出口烟温。其优点是改造工作量较小，特别适合负荷大于 50% 时使用。其缺点是低负荷（小于 50%）时，旁路给水量较大，省煤器可能发生介质超温导致气蚀的现象，威胁机组安全性。同时，由于排烟温度升高，降低了机组经济性。

④ 进行分级省煤器布置。将原有省煤器部分拆除，在 SCR 反应器后增设一定的受热面，给水直接引至位于 SCR 反应器后的省煤器，再通过连接管道引至位于 SCR 反应器前的省煤器。通过省煤器分级设置，使 SCR 反应器入口温度提高到了 320℃ 以上，确保 SCR 可在低负荷下正常运行。该方案能够在不影响锅炉整体效率的情况下提高 SCR 入口烟温，并降低排烟温度，对于由于煤种变化等原因导致排烟温度偏高的电厂具有较好的经济性。其缺点是投资成本相对较高。

第五节 烟气中非常规污染物排放控制

一、重金属的排放控制

大力研发重金属控制技术是促进燃煤污染物减排的必要举措。目前，燃煤重金属脱除研究可分为燃烧前、燃烧中和燃烧后三个方面。燃烧前控制主要是通过降低入炉煤中的重金属含量来减少重金属的输入；燃烧中控制主要是通过减少重金属的挥发和颗粒的生成来控制有害重金属的释放；燃烧后控制主要是通过各种技术手段促进气态、颗粒态重金属脱除。

（1）燃烧前重金属控制　针对燃烧前煤中重金属的治理，可通过物理或化学方法分离煤中的重金属，从而降低入炉煤中重金属的初始输入量。煤中的重金属大多与矿物质有较强的关联性，物理选煤方式在去除煤中无机矿物成分的同时，部分重金属会随灰分和硫含量的降低而脱除，选煤过程大约可降低 20% 以上的重金属含量。选煤后部分重金属会从原煤流向煤泥中，重金属含量显著降低。

（2）燃烧中重金属控制　燃煤过程中，部分重金属挥发进入烟气中，若不加以处理将导致排入大气中的重金属大幅超标。因此，抑制燃煤过程中重金属的挥发对改善环境空气质量至关重要。有以下几种控制方式：

① 混煤燃烧。混煤燃烧技术作为一种常规煤炭清洁燃烧手段，对重金属等污染物的减排具有积极作用。研究表明砷能与氧化钙发生反应，高钙煤燃烧产生的飞灰对砷蒸气的捕获能力高于低钙煤，因此混煤燃烧时提高钙硫质量比可在一定程度上降低砷的排放。

② 添加剂。掺入添加剂也是减少燃煤重金属释放的有效途径。烟煤与固体回收燃料（SRF）掺烧后，滤灰及旋风灰中的重金属含量随燃料灰中重金属含量的增加而线性增加，主要原因为煤与 SRF 掺烧后促进了砷和铅的挥发，而添加硫酸铵后会抑制砷和铅的挥发。将二氧化硅与褐煤粉混合掺烧，二氧化硅掺入后可为重金属的非均相转化提供竞争反应，且砷主要与钙、硅相关，铬主要与铁相关。另外，活性炭和稻壳焦均对重金属具有吸附效果。活性炭可促进铬和铅在飞灰中富集，稻壳焦可降低铬在飞灰中的富集程度，而增加砷和铅在飞灰中的富集程度。此外，原煤中掺混氯化钙可有效抑制铬、砷、铅等重金属在飞灰中富集。

（3）燃烧后重金属控制　燃烧后重金属大多以气态或细颗粒态形式存在，污染物控制设备（APCDs）对烟气中重金属的脱除有一定协同效果。另外，向烟道内喷入吸附剂也是脱除重金属的方法之一，最终实现污染物减排。

燃煤电站布置的 APCDs 如图 5-23 所示，包括 SCR、低温省煤器（LTE）、静电除尘器（ESP）和湿法脱硫装置（WFGD），部分燃煤电厂加装了湿式静电除尘器（WESP）。基于 350MW 燃煤机组探究了 APCDs 对重金属的脱除规律，研究表明重金属在底渣和飞灰中富集明显，ESP 和 WFGD 可脱除绝大部分重金属，APCDs 对重金属的总脱除效率为 99.84%～99.99%。进一步研究配备 SCR、LTE、ESP、WFGD、WESP 的燃煤机组中重金属的浓度，发现 SCR 和 LTE 降低了砷等重金属的浓度，ESP 对颗粒捕获效果较好，且能协同脱除部分重金属；脱硫浆液的循环喷淋方式促进了 WFGD 对重金属的捕获，脱硫废水处理系统能够脱除超过 94% 的重金属；WESP 对颗粒态重金属的脱除效率高达 90% 以上。总体来看，APCDs 对砷的脱除效率达到了 95.94%。

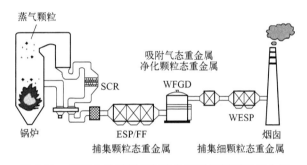

图 5-23　燃煤电站尾部烟气净化装置协同脱除重金属

另外，燃煤电厂尾气中的飞灰也对重金属有一定的吸附作用。飞灰具备用作低成本吸附剂的潜力，对重金属铬、砷和铅都具有较好的吸附作用，合理地改性飞灰可使重金属浓度大幅降低。

（4）重金属异相凝并技术　燃煤有害重金属常以气态及细颗粒态形式存在，对传统的污染物净化装置和脱除技术提出了新的挑战。如何高效协同脱除燃煤气态及细颗粒态重金属是如今能源绿色清洁发展的关键课题。异相凝并技术是由华中科技大学赵永椿教授提出的新型燃煤重金属脱除技术。异相凝并脱除重金属的机理如图 5-24 所示。其主要可概括为两点：首先，气态重金属会在凝并剂作用下附着在颗粒上，且颗粒粒径越小，富集重金属的可能性越大；其次，细颗粒会在凝并剂作用下团聚长大，同时细颗粒态重金属会随细颗粒的长大而富集在大颗粒上，最终进入 ESP 随灰外排。此项技术已经在湖北某 330MW 燃煤机组以及新疆某 350MW 燃煤机组进行了异相凝并工业示范，技术应用后发现凝并剂的喷入使得该范围内的重金属由气态及细颗粒态向 $10\mu m$ 以上颗粒富集，大幅提升了 ESP 的重金属脱除效率，且最终排放至大气中的 As、Sc、Pb 质量分数大幅降低。

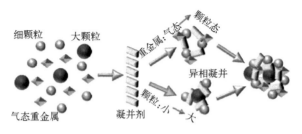

图 5-24 重金属异相凝并机理

综上所述，关于燃煤重金属的排放控制研究形式多样，但随经济社会发展，各种技术的优劣得以显现。燃烧前选煤等重金属控制技术因受限于煤种条件，适用性低且经济性较差。燃烧中混煤燃烧和掺烧添加剂的方式相较于燃烧前的重金属控制方式性价比更高，且应用前景更广泛，但考虑到我国燃煤电厂煤炭利用种类复杂多样，且不同重金属与不同矿物组分的吸附特性不同，因此仍需开发一种适用于复杂煤种协同脱除多种重金属的燃烧中控制技术。燃烧后脱除重金属的方式已逐渐成为当今重金属排放控制的主导方法，在目前国内绝大多数燃煤电厂实现超低排放改造的背景下，利用现有的 APCDs 可协同脱除部分重金属，飞灰等吸附剂也可进一步降低尾部烟气中重金属的浓度。但为应对日趋严格的减排要求，解决气态和细颗粒重金属易逃逸、难捕获的难题，异相凝并技术是一种可供选择的多污染物协同治理技术。其不仅能与现有的 APCDs 实现良好耦合，且改造过程中无需停炉安装，与喷射吸附剂的方式相比日常运营成本更低廉，是一种真正意义上安全、经济、高效的重金属脱除技术，拥有良好的发展前景。

二、汞的排放控制

1. 烟气中汞的形态分布

汞的形态分布受到煤种及其成分、燃烧器类型、锅炉运行条件（如锅炉负荷、过量空气系数、燃烧温度、烟气气氛、烟气成分、烟气冷却速率、烟气在低温下的停留时间等）以及除尘脱硫系统的布置等多种因素的影响。

我国储煤中汞的分布不均匀，而且煤种、产地不同，汞的含量差别也很大，大约为 0.308~15.9mg/kg。其中，褐煤中汞的含量通常较少。煤中汞的存在形态可分为无机汞、有机汞，其中无机汞由于较强的亲硫特性而主要分布在黄铁矿中。

研究表明，烟气中汞的形态分布主要与燃煤中氯元素的含量和温度的影响有关。有数据显示，不同电厂向大气排放的汞量相差较大，可变范围占燃煤中总汞含量的 10%~90%。总体而言，约 40% 的汞迁移到飞灰中被除尘装置捕捉或存在于湿法洗涤装置的浆液中，约 60% 的汞随烟气排入大气。

煤在锅炉内燃烧时，在炉膛内高于 800℃ 的高温燃烧区，煤中的汞几乎全部转变为元素汞（Hg^0）并停留在烟气中。在烟气流向烟囱出口的过程中，随着烟气温度的逐步降低，烟气中大约 1/3 的 Hg^0 与烟气中其他成分发生反应，形成 Hg^{2+} 的化合物，也有部分 Hg^0 被飞灰残留的炭颗粒吸附或凝结在其他亚微米飞灰表面上，形成颗粒态的汞，但大部分仍然停留在气相中，如图 5-25 所示。

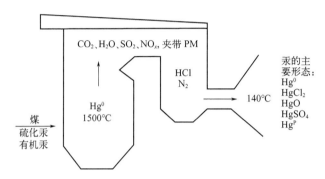

图 5-25　燃煤电厂锅炉烟气中汞的主要形态分布

汞以何种化学形式释放是影响大气中汞的沉积形式和数量的一个关键因素。目前国内外一致认为，燃煤电厂燃烧释放的汞主要有 3 种形式，即单质汞（Hg^0）、氧化态汞（Hg^{2+}）和颗粒态汞（Hg^P），总称为总汞（Hg^T）。许多二价汞易溶于水，能被湿法烟气脱硫（WFGD）循环液吸收，吸收效率可达 69%。颗粒态汞也能很好地被除尘器捕捉下来，电除尘器（ESP）脱汞的效率是 50%，布袋除尘器脱汞的效率可达 80% 以上。单质汞难溶于水，也不能被设备有效捕捉，在大气中平均停留时间达 0.5～2 年之久。因此单质汞的控制成为现今燃煤电厂汞排放控制的重点和难点。

2. 煤燃烧汞的排放控制技术

燃煤 Hg 排放的主要控制手段可分为燃烧前、燃烧中和燃烧后 3 个方面。燃烧前控制 Hg 的方式有化学脱汞和选煤等。因二价汞（Hg^{2+}）更易被 APCDs 脱除，故燃煤电厂可通过优化燃烧技术或添加氧化剂等方式将单质汞氧化为二价汞，从而提高 Hg 的脱除效率。燃烧后对 Hg 的控制手段颇多，如 APCDs 协同脱汞、碳基吸附剂脱汞以及非碳基吸附剂脱汞。

（1）APCDs 协同脱汞技术　目前燃煤电厂中常规的 APCD 包括脱硝系统（SCR 或 SNCR）、除尘系统（ESP 及 FF）、脱硫系统（FGD 及 WFGD）等。图 5-26 为燃煤电厂现有的 APCDs。

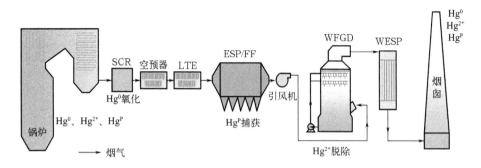

图 5-26 燃煤电厂现有的 APCDs

常规 APCDs 对不同形态的汞（Hg^0、Hg^{2+}、Hg^P）均有一定的协同脱除效果。①脱硝装置对汞的脱除：SCR 催化剂可将 Hg^0 氧化为更易脱除的 Hg^{2+}，SCR 后烟气中的 Hg^{2+} 浓度明显上升，烟气温度逐渐降低，部分 Hg^0 和 Hg^{2+} 会吸附在飞灰颗粒上，形成颗粒态 Hg^P，随后进入 ESP 被捕获至飞灰中。②除尘装置对汞的脱除：相对于静电除尘（ESP），布袋除尘（FF）的脱汞性能更优异，虽然 ESP 的总颗粒物脱除效率可达 99% 以上，但对于粒径在 $0.1\sim1.0\mu m$ 的亚微米颗粒负载的 Hg^{2+} 捕获能力差，脱除效率低，而 FF 则对亚微米颗粒有较好的脱除效果。ESP 的脱汞能力对于其他 APCDs 有一定的依赖性，SCR 系统的存在可大幅提升 ESP 的脱汞效率。这是由于烟气经过 SCR 时，Hg^0 被氧化为了 Hg^{2+}，Hg^{2+} 更容易被飞灰颗粒吸附，进而被 ESP 捕获。③脱硫装置对汞的脱除：由于 Hg^{2+} 易溶于水，WFGD 系统中较低温度的石灰石喷淋浆液可促进 Hg^{2+} 的吸收，但 WFGD 对 Hg^0 无明显脱除效果。研究发现脱硫浆液中的 SO_3^{2-} 对 Hg^{2+} 具有一定的还原能力，使 WFGD 后烟气中 Hg^0 的浓度有所提高，与上述发现相对应。因此 Hg^{2+} 的还原与再释放对 WFGD 系统的脱汞能力产生了一定影响。此外，脱硫浆液的初始 pH、Cl^- 浓度以及温度等因素都会影响 WFGD 的脱汞能力。

上述燃煤电厂中 APCDs 对不同形态的 Hg 均有一定的脱除效果，然而在 SCR、ESP、WFGD 的共同作用下，总脱汞效率只能维持在 70% 左右，无法满足近零排放需求，且易受机组工况、设备运行状况制约，脱汞效率会出现波动。

（2）碳基吸附剂脱汞技术　活性炭因具备多种孔隙结构和极高的比表面积，能够从气体或液体中吸附某些有害成分，往往被当作主体制备碳基吸附剂。燃煤电厂实际应用中，主要将活性炭、活性焦、未燃炭等作为抑制汞排放的碳基吸附剂。活性炭表面的内酯基和羰基可促进活性炭对汞的吸附。活性炭喷射脱汞技术如图 5-27 所示。活性炭喷射（ACI）技术指将活性炭颗粒喷入 ESP 或 FF 入口前烟道，通过吸附作用将烟气中的汞捕集，随后通过 ESP 或 FF 加以脱除。目前，对于碳基吸附剂的研究主要集中在开发不同的改性方式。常用的改性剂包括卤族元素、有机物、金属及其氧化物等。研究发现，C/Hg 质量比至少达到（3000～20000）∶1 时，脱汞效率才可能高于 90%，成本过高限制了活性炭喷射技术的应用。同时，活性炭喷射技术会降低粉煤灰品质，影响粉煤灰的再利用。

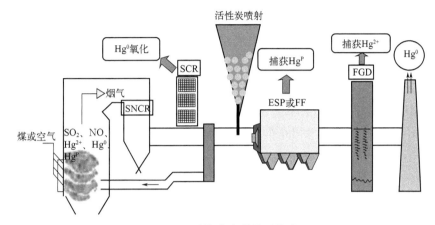

图 5-27　活性炭喷射脱汞技术

（3）非碳基吸附剂脱汞技术　非碳基吸附剂脱汞技术主要包括钙基吸附剂脱汞、金属氧化物脱汞以及飞灰脱汞。

① 钙基吸附剂脱汞。钙基吸附剂来源广泛，易获取且价格低廉，在 WFGD 系统中亦可作为脱硫剂使用，将其作为协同脱硫脱汞吸附剂使用具有一定的现实意义。美国 EPA 研究发现，钙基吸附剂对 Hg^{2+} 具有良好的吸附能力，可将 Hg^{2+} 转化为 Hg^0，最终通过 ESP 脱除，但其对 Hg^0 的脱除能力较差。

② 金属氧化物脱汞。燃煤烟气中的 Hg^0 较难脱除，金属氧化物可将 Hg^0 氧化为 Hg^{2+} 实现对汞的吸附。其原理是金属氧化物中的化学吸附氧和晶格氧能够催化氧化 Hg^0，同时化学吸附氧和晶格氧可由烟气中的氧及时补充，从而维持脱汞效果。

③ 飞灰脱汞。我国燃煤飞灰产量巨大，若在实现飞灰高效利用的同时脱除污染物，将会给燃煤领域绿色发展提供新的路径。研究表明，飞灰对 Hg^0 有一定的氧化吸附能力，且飞灰中未燃炭的物理性质、岩相组分微观形貌等都对脱汞性能具有正向作用。飞灰的吸附汞能力随比表面积的增大而提升，但二者并非线性相关，飞灰的脱汞性能还取决于比表面积的利用效率。一般认为飞灰粒径越小，脱汞效率越高。华中科技大学的赵永椿教授团队提出了利用飞灰中的磁珠脱除烟气中单质汞的新思路。磁珠吸附剂易与飞灰颗粒分离，可解决汞的回收和处理问题，且以废（飞灰磁珠）治废（汞），有效降低了技术应用成本。

三、SO_3 的排放控制

1. 现有除尘及脱硫设备的 SO_3 脱除能力

(1) 干式除尘设备对 SO_3 的脱除能力　①常规干式电除尘器入口烟气温度一般在 120~130℃,高于烟气的酸露点温度,但燃煤飞灰具有一定的吸附作用,也会吸附部分 SO_3,其附着在飞灰颗粒表面或缝隙内被电除尘器收集下来。相关研究表明,常规电除尘器对 SO_3 的脱除率较低,约为 10%~15%,常规干式电除尘器对 SO_3 的脱除能力很有限。②通过低低温电除尘系统中的烟气冷却器将电除尘器入口的烟气温度降低到酸露点以下,一般在 (90±5)℃,此时,烟气中的大部分 SO_3 会在烟气冷却器中凝结,并吸附在粉尘表面,有效促进颗粒团聚,并使粉尘性质发生很大变化,大幅提高了除尘效率,同时去除大部分的 SO_3。低低温电除尘系统对 SO_3 具有很高的脱除能力,脱除效率在 69.1%~96.6%。③研究表明,当烟气温度降至 160℃以下时,烟气中的 SO_3 大部分将以 H_2SO_4 的形式存在。在电袋复合除尘器中,后级袋区的滤袋表面会沉积一层粉饼层,颗粒的粒径相对较小,相同厚度的粉饼层具有更大的吸附比表面积。当 SO_3 及气态 H_2SO_4 通过带有粉饼层的滤袋时,会被粉饼层有效吸附,且飞灰中富含的 Na_2O、K_2O、CaO 等碱性物质可与其反应生成稳定的硫酸盐,防止 SO_3 再次脱附。根据相关研究,国内超低排放实施以后投运的电袋复合除尘器对 SO_3 的脱除率可达 80%以上。

(2) 石灰石-石膏湿法脱硫对 SO_3 的脱除能力　湿法脱硫主要用于脱除 SO_2,其脱除率可到 99%。湿法脱硫入口烟气温度一般在 45~55℃,此时 SO_3 是以硫酸气溶胶颗粒的形式存在,且粒径一般在纳米级。脱硫浆液与硫酸气溶胶颗粒之间的传质作用主要依靠惯性碰撞、布朗扩散、重力沉降、电泳、热泳等实现,而对于纳米级的硫酸气溶胶颗粒而言,其斯托克斯数很小（<1）,很容易沿气流绕过浆液滴后逃逸,此时,布朗扩散是气溶胶颗粒的主要传质方式,其传质速率很慢。常规石灰石-石膏湿法脱硫技术对 SO_3 的脱除率并不高,一般为 10%~70%,且绝大部分在 30%~60%。采用旋汇耦合、双托盘等湿法脱硫新技术后延长了石膏浆液与硫酸气溶胶的接触面积、接触时间,SO_3 的脱除率得以明显提升,最高可达到 91.7%。

(3) 湿式电除尘器对 SO_3 的脱除能力　SO_3 在湿电场中以硫酸气溶胶颗粒的形式存在。湿电场中 SO_3 的脱除与湿电场的电场参数密切相关。湿式电除尘器前预荷电装置的供电电压升高,湿电场对 SO_3 的脱除率也随之升高,但硫酸气溶胶颗粒粒径非常小,大部分处在纳米级,因此,当 SO_3 浓度过高时,反倒会引起湿电场的电源运行参数下降。研究表明,湿式电除尘器对 SO_3 的脱除率较高,多在 50%~90%。其中,金属极板湿式电除尘器多在 50%~80%;导电玻璃钢极板湿式电除尘器为非连续喷淋，在实际运行过程中，电源参数可以升到更高，因此，其对 SO_3 的脱除率也更高，多在 60%~90%，最高可达到 91.8%。

2. SO_3 脱除新技术

（1）碱基喷射脱除 SO_3 技术　①碱基干粉喷射脱除 SO_3 技术。碱基干粉喷射脱除 SO_3 技术属于非催化气固反应机制，碱基干粉颗粒对气态 SO_3 的捕集可分为外扩散、界面反应和内扩散3个过程。因此，提高碱基对 SO_3 的脱除率关键在于提高干粉在烟气中分布的均匀性、固体颗粒对 SO_3 的吸附和化学反应能力、反应产物的稳定性等。目前，用于脱除烟气中 SO_3 的碱基干粉主要有钠基（$NaOH$、$NaHCO_3$、Na_2CO_3、$NaHSO_3$、Na_2SO_3）、钙基[$Ca(OH)_2$、CaO、$CaCO_3$]和镁基[$Mg(OH)_2$、MgO]等。碱基干粉的喷射位置一般布置在 SCR 脱硝装置前后，其典型的工艺流程如图 5-28 所示。在空预器前实现 SO_3 高效脱除，可有效防止空预器 ABS（硫酸氢铵）堵塞及下游设备腐蚀。基于某 1000MW 机组空预器出口引出旁路烟气的中试平台，开展了 $Ca(OH)_2$ 干粉喷射脱除 SO_3 的实验研究，碱硫比 1∶1 时，$Ca(OH)_2$ 干粉喷射+布袋除尘器的 SO_3 脱除率可达 88.78%。②碱基溶液喷射脱除 SO_3 技术。碱基溶液喷射脱除 SO_3 的机理主要分为蒸发结晶段和气固反应段。碱基溶液经过双流体喷枪雾化后喷入高温烟气，溶液在很短的时间（<0.1s）内就会蒸发结晶，形成细小的碱基颗粒，并与气态 SO_3 发生气固反应。蒸发结晶生成的颗粒粒径更细，且溶液喷射较干粉喷射更容易实现在烟气内扩散的均匀性。因此，在相同的碱硫比条件下，碱基溶液喷射脱除 SO_3 的效果要优于碱基干粉。碱基溶液的喷射位置同干粉，其典型的工艺流程如图 5-29 所示。

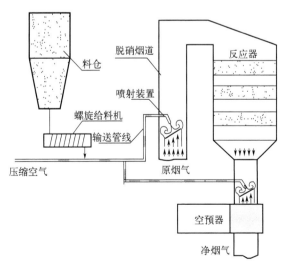

图 5-28　碱基干粉喷射工艺流程

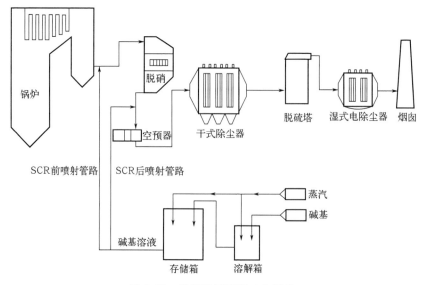

图 5-29 碱基溶液喷射工艺流程

(2) 烟气冷凝相变凝聚脱除 SO_3 技术　烟气冷凝相变装置一般布置在湿法脱硫装置后，利用氟塑料或钛管等进行换热，降低烟气温度。湿法脱硫出口烟气为饱和湿烟气，降温过程中实现烟气中水蒸气的冷凝，且凝结过程属于非均相成核过程，会优先在酸雾气溶胶等细颗粒物表面核化、生长，促进细颗粒物的成长。凝聚器内布置有较多换热管束，对流场起到扰流作用，在流场曳力、换热断面非均匀温度场的温度梯度力等多场力作用下，颗粒物间、液滴间及颗粒与液滴间产生明显的速度或方向差异而发生碰撞。鉴于颗粒被液膜包裹，颗粒间一旦接触，会被液桥力"拉拢"到一起，团聚成更大粒径的颗粒，继而被后续管壁上的自流液膜或高效除雾器脱除，从而实现了脱除 SO_3 +除尘+收水+余热回收等多重功能。此项技术对 SO_3 的脱除率仅约 20%，需与其他技术组合使用。其对 SO_3 的脱除效果主要与降温幅度、换热管束布置方式等因素有关，需额外增加投入及运行成本，不能解决高浓度 SO_3 对前级设备的腐蚀、堵塞问题。

(3) 化学团聚技术脱除 SO_3　化学团聚技术是利用团聚剂溶于水形成的有机高分子长链网状结构，当其与 H_2SO_4 气溶胶相遇时，两者的接触概率显著增大。同时化学团聚技术可使硫酸酸雾气溶胶团聚长大，进入 ESP 中被捕获至飞灰，从而提升了 SO_3 的脱除效果。另外，团聚剂中有机高分子化合物含有较多官能团，羟基（—OH）官能团能够与 SO_3 形成氢键，达到吸附效果；有机高分子长链上的羟基能与硫酸酸雾的 O、OH 形成氢键，实现 SO_3 的稳定吸附。此外，SO_3 的脱除效率随有机高分子中—OH数量的增加而增大。基于此理论，在国内某3×340MW燃煤机组开展了SO_3脱除工业示范，最终SO_3的总脱除效率高达90%。由此可见，化学团聚技术能够与燃煤电厂现存的APCDs实现完美耦合，显著提升SO_3的脱除效果，是一条可商业化应用的SO_3脱除路径。

（4）非碱基吸附剂　SO_3作为亲电试剂，具有极强的得电子能力，在高温烟气中，攻击磺化引发剂表面电子云密度高的区域发生亲电取代反应，可形成稳定的有机高分子磺酸盐，实现SO_3的高效脱除。基于此理论，在国内某300MW燃煤电厂开展了试验。图5-30为不同测点的SO_3浓度变化曲线。此外，在湖北某330MW燃煤电厂加装非碱基吸附剂磺化脱除装置后，空预器前的SO_3浓度降低38%以上。

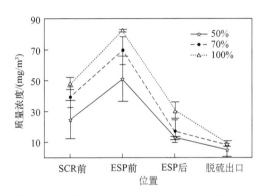

图5-30　尾部烟气净化装置中的SO_3浓度分布

四、VOCs的排放控制

不同的APCDs系统对VOCs的脱除效果不同，依靠SCR、空气预热器（APH）、WFGD以及WESP可有效去除烟气中40%~70%的VOCs。烟气经SCR后，总烃浓度可降低60%以上，且对六环芳烃和苯系物具有一定的脱除效果。WFGD对烟气中的气态有机物和亲水性有机物具有良好的脱除效果，而对正构烷烃的主峰碳几乎没有影响。常规的ESP对VOCs的去除效果不理想且具有选择性，烟气经ESP后，总碳氢浓度增加了17.3%。然而经WESP后，多环芳烃主要以气态低分子基团形式存在。低低温静电除尘器对烟气中气固多环芳烃的总脱除效率优于WFGD。

活性炭吸附剂喷射被认为是一种经济环保的低浓度VOCs脱除技术。另外，燃烧法是目前治理烟气中高浓度VOCs的可行途径。VOCs可与其他物质通过燃烧发生反应，最终生成的物质无毒无害，但该过程的进行需维持温度稳定，有时甚至需加入助燃物质维持燃烧。因此该方法耗能较大，成本偏高。同时，燃烧法应用过程中，理想状况下的产物为 H_2O 和 CO_2，然而往往会因外部因素的影响导致有机物燃烧过程中产生有害物质，存在二次污染的风险。因此，在治理高浓度 VOCs 排放问题时，催化技术往往与燃烧法结合使用，通过选用稳定性能强、抗毒性高的高效催化剂，促使燃烧过程中 VOCs 尽可能向 H_2O 和 CO_2 转化，降低最终排入大气的 VOCs 浓度。

参考文献

[1] 叶江明.电厂锅炉原理及设备[M].3版.北京：中国电力出版社，2010.
[2] 束继伟，李罡，金宏达，等.锅炉燃烧性能优化与污染物减排技术[M].北京：中国电力出版社，2018.
[3] 孙献斌.清洁煤发电技术[M].北京：中国电力出版社，2014.
[4] 朱光明.电站锅炉劣质煤掺混及优化燃烧技术[M].北京：中国电力出版社，2015.
[5] 黄新元.电站锅炉运行与燃烧调整[M].北京：中国电力出版社，2007.
[6] 许晋源.燃烧学[M].北京：机械工业出版社，1990.
[7] 韩昭仓.燃料及燃烧[M].北京：冶金工业出版社，1994.
[8] 徐旭常.燃烧理论与燃烧设备[M].北京：机械工业出版社，1990.
[9] 傅维标.燃烧学[M].北京：高等教育出版社，1989.
[10] 孙学信.煤粉燃烧物理化学基础[M].武汉：华中理工大学出版社，1991.
[11] 陈学俊.锅炉原理[M].北京：机械工业出版社，1991.
[12] 徐通模.锅炉燃烧设备[M].西安：西安交通大学出版社，1990.
[13] 符里斯.燃烧的热力理论[M].北京：电力工业出版社，1957.
[14] 岑可法.高等燃烧学[M].杭州：浙江大学出版社，2002.
[15] 郝吉明，马广大，王书肖.大气污染控制工程[M].北京：高等教育出版社，2010.
[16] 西安热工研究所.东北技改局燃煤锅炉燃烧调整试验方法[M].北京：水利电力出版社，1974.
[17] 张明.旋转电极式电除尘器应用分析[J].科技创新与应用，2018（36）：2.
[18] 张军营，崔向峥，王志康，等.煤燃烧非常规污染物排放控制[J].洁净煤技术，2023，29（10）：1-16.
[19] 朱法华，徐静馨，王圣，等.中国燃煤电厂大气污染物治理历程及展望[J].电力科技与环保，2023，39（5）：371-384.
[20] 刘含笑，陈招妹，王少权，等.燃煤电厂SO_3排放特征及其脱除技术[J].环境工程学报，2019（5）：11.
[21] 王树民.燃煤电厂近零排放综合控制技术及工程应用研究[D].北京：华北电力大学，2017.
[22] 王宏伟.我国火电"近零排放"减排效应及补偿机制研究[D].北京：华北电力大学，2020.
[23] 西安热工研究院.超临界、超超临界燃煤发电技术[M].北京：中国电力出版社，2008.
[24] 樊泉桂.超超临界锅炉设计及运行[M].北京：中国电力出版社，2010.
[25] 巴苏 P，弗雷泽 S A.循环流化床锅炉的设计与运行[M].北京：科学出版社，1994.
[26] 孙献斌，黄中.大型循环流化床锅炉技术与工程应用[M].北京：中国电力出版社，2009.
[27] 阎维平，周月桂，刘洪宪，等.洁净煤发电技术[M].北京：中国电力出版社，2008.
[28] 王立刚，刘柏谦.燃煤汞污染及其控制[M].北京：冶金工业出版社，2008.
[29] 张强.燃煤电站 SCR 烟气脱硝技术及工程应用[M].北京：化学工业出版社，2007.

[30] 毛健雄, 毛健全, 赵树民. 煤的清洁燃烧 [M]. 北京: 科学出版社, 2005.

[31] 郑楚光, 张军营, 赵永椿, 等. 煤燃烧炉的排放与控制 [M]. 北京: 科学出版社, 2010.

[32] 路野, 吴少华. 玉环 1000MW 超超临界锅炉低 NO_x 燃烧系统的设计和 NO_x 性能考核试验简析 [J]. 锅炉制造, 2008, 4: 1-4, 8.

[33] 周强泰, 华永明, 赵伶玲. 锅炉原理 [M]. 北京: 中国电力出版社, 2009.

[34] 张安国, 梁辉. 电站锅炉煤粉制备与计算 [M]. 北京: 中国电力出版社, 2011.

[35] 韩才元, 徐明厚, 周怀春, 等. 煤粉燃烧 [M]. 北京: 科学出版社, 2001.

[36] 杨金和, 陈文毅, 段云龙, 等. 煤炭化验手册 [M]. 北京: 煤炭工业出版社, 1998.

[37] 张风营, 白剑华, 王楠, 等. 我国未来煤炭运输能力探讨 [J]. 中国电力, 2008, 41 (1): 4-8.

[38] 陈一平, 朱光明, 雷霖. 湖南省燃煤特性及其对锅炉设计与运行调整要求 [J]. 中国电力, 2008, 41 (4): 52-56.

[39] Fu W B, Zhang Y P, Han H Q, et al. A study on devolatilization of large coal particles [J]. Combustion and Flame, 1987, 70 (3): 253-266.

[40] 蔡榕, 张鹤声. 煤的热解动力学研究 [J]. 工程热物理学报, 1991, 12 (2): 216-219.

[41] 朱光明, 段学农, 姚斌, 等. 典型贫煤与无烟煤混煤配比优化实验 [J]. 中国电力, 2011, 44 (8): 32-35.

[42] 段学农, 朱光明, 姚斌, 等. 混煤可磨特性与掺烧方式试验研究 [J]. 热能动力工程, 2010, 25 (4): 410-413.

[43] 郭嘉, 曾汉才. 大型电站混煤挥发分含量确定方法的探讨 [J]. 锅炉技术, 1993 (7): 32-36.

[44] Zhang Y P, Mou J, Fu W B, et al. Method for estimating final volatile yield of pulverized coal devolatilization [J]. Fuel, 1990, 69: 401-403.

[45] 邱建荣, 郭嘉, 曾汉才, 等. 混煤燃烧特性的试验研究及燃烧特性指数的确定 [J]. 热能力工程, 1993, 8 (4): 169-173.

[46] Cohn M A, Kramerov D A, Hulgaard E F, et al. A method for identifying interactions between coals in blends [J]. Fuel, 1997, 76 (7): 623-624.

[47] 曾汉才, 姚斌, 邱建荣, 等. 无烟煤与烟煤的混合煤燃烧特性与结渣特性研究 [J]. 燃烧科学与技术, 1996, 2 (2): 181-189.

[48] 侯栋岐, 冯金梅, 陈春元, 等. 混煤煤粉着火和燃尽特性的试验研究 [J]. 电站系统工程, 1995, 11 (2): 30-34.

[49] 周光华. 混煤的着火特性分析 [J]. 浙江电力, 1995 (5): 11-15.

[50] 章明川, 高克凌, 王春昌. 煤粉着火温度的实验及预报 [J]. 热力发电, 1988 (4): 59-65.

[51] Maier H, Splierhoff H, Kicherer A, et al. Effect of coal blending and particle size on NO_x emission and burnout [J]. Fuel, 1994, 73 (9): 1447-1452.

[52] 焦贤明, 史林, 任达清. 炉内混煤掺烧方式探讨 [J]. 湖南电力, 2005, 25 (4): 43-45.

[53] 朱光明, 段学农, 康黄辉, 等. 仓储式制粉系统锅炉混煤掺烧方式优化试验研究 [J]. 中国电力, 2008, 41 (11): 33-37.

[54] 田晨. 炉膛结构对循环流化床气固流动特性影响的影响 [D]. 杭州: 浙江工业大学, 2011.

[55] Lienhard H, 刘国海, 徐振刚. 鲁奇循环流化床燃烧与气化 [J]. 煤炭转化, 1987, 2: 2-10.

[56] Guevel T L, Thomas P. Fuel flexibility and petroleum coke combustion at Provence 250MW CFB [C]// 17th International Conference on Fluidized Bed Combustion. USA: Florida, 2003.

[57] 蒋敏华, 肖平. 大型循环流化床锅炉技术 [J]. 北京: 中国电力出版社, 2009.

[58] Goidich S J, Wu S, Fan Z, et al. Design aspects of the ultra-supercritical CFB boiler [C]//Nternational Pittsburgh Coal Conference. USA: Pittsburgh, 2005: 12-15.

[59] Darling S L. 300MW demonstration CFB takes shape at JEA's north side power plant [J]. Modern Power Systems September, 2000, 2: 1-26.

[60] Varkaus K N. State of the art CFB technology for flexible large scale utility power production [C]//Power Gen Russia. Russia: Moscow, 2015.

[61] 蒋茂庆. 四川白马 300MW CFB 锅炉基本运行特性研究 [D]. 重庆: 重庆大学, 2008.

[62] Jeon C H. International collaboration strategy between PNU-KOSPO CFBC research center and China [C]//Presented at 2nd International Conference on Circulating Fluidized Bed Boiler. China: Qingdao, 2019.

[63] Ryabov G, Kuchmistrov D, Antonenko E, et al. The first year experience of once through CFB boiler operation of 330MW unit [C]//In 23th International Conference on Fluidized Bed Combustion, 2018.

[64] Ryabov G A, Antonenko E V, Krutitskii L V, et al. Application of the technology ofcombustion of solid fuels in a circulating fluidized bed [J]. Power Technology and Engineering, 2018, 52 (3), 308-313.

[65] 张彦军, 王凤君, 姜孝国. 哈锅自主开发型 300MW CFB 锅炉设计特点 [J]. 锅炉制造, 2008 (3): 1-3.

[66] 牛天况, 顾凯棣. 上海锅炉厂有限公司循环流化床锅炉技术发展的现状 [J]. 锅炉技术, 2000, 31 (6): 1-6.

[67] 聂立, 巩李明, 薛大勇, 等. 超超临界循环流化床外置换热器壁温偏差特性研究 [J]. 热能动力工程, 2019, 34 (6): 85-90.

[68] 宋畅, 吕俊复, 杨海瑞, 等. 超临界及超超临界循环流化床锅炉技术研究与应用 [J]. 中国电机工程学报, 2018, 38 (2): 338-347.

[69] 常昊. 660MW 超超临界 CFB 锅炉二次风对气固流动影响的数值模拟 [D]. 北京: 华北电力大学, 2017.

[70] 潘雄锋. 循环流化床低热值煤-高热值煤粉动态复合燃烧负荷响应特性研究 [D]. 太原: 太原理工大学, 2018.

[71] Taofeeq H, Al-Dahhan M. Heat transfer and hydrodynamics in a gas-solid fluidized bed with vertical immersed internals [J]. International Journal of Heat and Mass Transfer, 2018, 122: 229-251.

[72] Stefanova A, Bi H T, Lim J C, et al. Local hydrodynamics and heat transfer in fluidized beds of different diameter [J]. Powder Technology, 2011, 21 (2): 57-63.

[73] Stefanova A, Bi X T, Lim C J, et al. A probabilistic heat transfer model for turbulent fluidized beds [J]. Powder Technology, 2019.

[74] Cai R, Zhang M, Ge R, et al. Experimental study on local heat transfer and hydrodynamics with single tube and tube bundles in an external heat exchanger [J]. Applied Thermal Engineering, 2019, 149: 924-938.

[75] 朱法华, 李辉, 王强. 高频电源在中国电除尘器上的应用及节能减排潜力分析 [J] 环境工程技术学报, 2011, 1 (1): 26-32.

[76] Norbert G. Application of different types of high-voltage supplies on industrial electrostatic precipitators [J]. IEEE Transactions on Industry Application, 2004, 40 (6): 1513-1520.

[77] 王利人. 高压软稳电源节电技术在电厂除尘器上的应用 [J]. 能源与节能, 2012, 83 (8): 98-99.

[78] 邓艳梅, 彭朝钊, 刘俊. 电除尘器的脉冲电源研究 [J]. 强激光与粒子束, 2016, 28 (5): 145-150.
[79] 王树民. 三河电厂燃煤发电近零排放与节能升级创新实践 [M]. 北京: 中国电力出版社, 2016.
[80] 陈招妹, 郦建国, 王贤明, 等. 旋转电极式电除尘器技术研究 [J]. 电力科技与环保, 2010, 26 (5): 18-20.
[81] Altman R, Offen C. Wet electrostatic precipitation demonstrating promise for fine particulate control [J]. Power Engineering, 2001 (1): 37-39.
[82] Kim H J, Han B, Kim Y J, et al. Fine particle removal performance of a two-stage wet electrostatic precipitator using a nonmetallic pre-charger [J]. Journal of the Air&Waste Management Association, 2011, 61 (12): 1334-1343.
[83] Staehle R C, Triscori R J, Kumar K S, et al. Wet electrostatic precipitators for high efficiency control of fine particulates and sulfuric acid mist [C]//ICAC Technology Forum. Nashville Tennessee: Institute of Clean Air Companies, 2003.
[84] 钟德楠, 庄泽杭, 黄志杰. 湿式电除尘器本体结构研究与应用 [J]. 节能与环保, 2015 (12): 72-74.
[85] 曹桂萍, 黄兵, 孙石, 等. 我国二氧化硫烟气治理技术现状及发展趋势 [J]. 云南环境科学, 2002, 21 (1): 43-46.
[86] 张军, 张涌新, 郑成航, 等. 复合脱硫添加剂在湿法烟气脱硫系统中的工程应用 [J]. 中国环境科学, 2014, 34 (9): 2186-2191.
[87] 王志轩, 潘荔. 中国火电厂烟气脱硫产业化发展建议 [J]. 环境科学研究, 2005, 18 (4): 51-54.
[88] 郭娟, 袁东星. 燃煤电厂海水脱硫排水对海区水质的影响 [C]//第四届全国环境化学学术大会. 南京, 2007.
[89] 胡晓敏. 国内烟气脱硫的技术 [J]. 黑龙江科技信息, 2008, 30 (30): 1-10.
[90] 徐敏然. 石灰石-石膏法烟气脱硫技术在大型火电机组上的应用研究 [J]. 保定: 华北电力大学, 2008.
[91] 苏尧. 火电厂烟气脱硫效果综合评价及应用研究 [D]. 保定: 华北电力大学, 2009.
[92] 何翼云. 氨法烟气脱硫技术及其进展 [J]. 化工环保, 2012, 32 (2): 141-144.
[93] 陈丽萍, 邓荣喜. 喷雾干燥法与石灰石石膏法脱硫工艺比较 [J]. 广州化工, 2009, 37 (6): 179-181.
[94] 董清梅, 郭建明. 炉内喷钙尾部增湿脱硫的影响因素探讨 [J]. 电站系统工程, 2006, 22 (1): 21-22.
[95] 郑继成. 炉内喷钙/尾部增湿活化脱硫成套技术与装备 [J]. 电站系统工程, 2010, 26 (2): 67.
[96] 吕宏俊. 炉内喷钙-尾部增湿活化脱硫技术应用研究 [J]. 中国环保产业, 2011 (3): 23-25.
[97] 杨勇平, 孙志春, 陆遥, 等. 国华定州电厂 600MW 机组脱硫系统除雾器前烟道改造的数值模拟研究 [J]. 热力发电, 2010, 39 (10): 33-37.
[98] 王晖, 宋蔷, 姚强. 电厂湿法脱硫系统对烟气中细颗粒物脱除作用的实验研究 [J]. 中国电机工程学报, 2008, 28 (5): 1-7.
[99] 王恩禄, 张海燕, 罗永浩, 等. 低 NO_x 燃烧技术及其在中国燃煤电站锅炉中的应用 [J]. 动力工程, 2004 (1): 23-28.
[100] 张磊, 魏书印. 大型火电站低 NO_x 煤粉炉新型燃烧器应用综述 [J]. 华电技术, 2009, 31 (12): 15-18.
[101] 冯兆兴, 安连锁, 李永华, 等. 空气分级燃烧降低 NO_x 排放试验研究 [J]. 中国电机工程学报, 2006, 26 (S1): 88-92.
[102] 王树民, 宋畅, 陈寅彪, 等. 燃煤电厂大气污染物"近零排放"技术研究及工程应用 [J]. 环境科学研究, 2015, 28 (4): 487-494.

[103] Busca G, Lietti L, Ramis G, et al. Chemical and mechanistic aspects of the selective catalytic reduction of NO_x by ammonia over oxide catalysts: A review [J]. Applied Catalysis B: Environmental, 1998, 18 (1-2): 1-3, 6.

[104] Sui Z F, Zhang Y S, Yao J B, et al. The influence of NaCl and Na_2CO_3 on fine particulate emission and size distribution during coal combustion [J]. Fuel, 2016, 184: 718-724.

[105] 夏铭劭. 电站锅炉混煤掺烧技术研究 [D]. 武汉: 华中科技大学, 2014.